感動推薦

這是一本概念非常新穎的書！書中的理念與其說是少量生產、少量消耗，應該說分享了「聰明的商業模式」。

做為商業品牌的創業家，我也經常為找到「商品的產量」與「顧客需求量」間的平衡而感到困擾。書中所介紹的公司也都曾經有這個困擾，於是他們的解決方式是從根本改變商業模式。利潤並不是透過大量生產與銷售所累積，而是來自比方說「被忽視的需求」、「巧妙找到產銷之間的平衡點」等，當商業的本質不追求「量」，就不會被它給限制。

本書適合推薦給創業者，或僅是想了解如何突破舊有「大量生產、大量消耗」思維，追求平衡價值的人們。

——沈奕妤（印花樂共同創辦人／創意總監）

適量製造是一種思維的轉換，從工業革命後，因成本與銷售考量造就了大量的製造中心化，但人類其實並沒有考慮到自然與外部環境的隱形成本，且實際需求並沒有想像中的多，也造成過度製造這個問題。

過去我們談環保和回收，但在未來，我們應該談的是人類循環經濟思維的轉換。《剛好，才是最好》這本書，正好呈現了我們人類思維應該要改變的方向。

——吳庭安（W春池計畫主理人）

看到這本書的出版，內心有一種「找到一間適合自己的咖啡館」的感覺。十幾年前，我在台北一個數位內容公司上班，每天透過網路行銷觸及上萬甚或上百萬人，但我不知道他們是誰，對我來說他們就只是一個個代碼。後來我選擇開一間街頭小店的方式生活，與進門的客人真實的交流，內心感到很踏實。收入與網路公司差很多，但生活卻很富足，「滿足於當下」、「這樣就夠了」的想法，慢慢成為我的人生信念。從物質需求到人際關係，我開始練習適量，對於喜歡的事物會專注的投入，喜歡的店會一再造訪。適量製造的觀念，讓事物更顯價值，適量的生活，更有品質。

——高耀威（台東長濱「書粥」負責人）

為什麼營業額一定要愈高愈好？一個問題，挑戰了我們對於商業的直覺理解。只製造剛好的產品數量、找回生產者與消費者的連結、更永續的商業模式；社會上有群人，正摸索並實踐著「適量」的價值。作者挖掘出這些故事，指引一條平衡的商業哲學，讓我們看到企業發展的全新可能。

——張雲淞（小樹屋共同創辦人）

慾望是個無底的深淵，想填卻永遠也填不滿，卻為此埋葬了眾多的種種。那其實是野蠻的思維，而人類社會的發展需要更文明的期盼，懂得「利他」思維，才真是進步的表徵。這個「他」，可以是他人，可以是其他物種，可以是環境資源，更可以是我們的地球。現在，我們需要面對已開始破壞一切的慾望黑洞，發揮人性中那一點點只取自己真正所需的良善，懂得「適當」、懂得「利他」，最終才能「利己」，這就是我在本書中看到的精髓。

——童儀展（食力 foodNEXT 創辦人／總編輯）

在「全球化」這無可避免的架構下，台灣也和日本一樣，正面臨國外產品大量製造低價促銷等不同於以往的經營挑戰；要能活下去，不僅只是轉型，而是如何在這一波又一波的新浪潮中，找到「適合」自己的浪頭。

本書作者挖掘出許多令人動容的傳產案例，如神匠花剪、無人書店、仙女棒工廠等，讓我們做為借鏡。裡面種種轉型策略的最關鍵，常是身處其中的「人」，原本注定被時代消失的人事物，因懂得轉換觀看視角、在乎品質、所處環境與使用者的感受，並且願意使用新工具，進而逆世得出一條可生存的轉型之道，不但賺到了錢而且還變很帥！

不論你是誰，我想《剛好，才是最好》一書中所提供的靈感與想法，或許可以是你決定開始突破現況的契機。

——鄭宗杰（恆成紙業負責人）

我們每天如何決定購買行為，基本上也決定了人類社會的方向！

當我們早已習慣「沒有最便宜，只有更便宜」的商品口號時，其實一股追求恰到好處的生產／購買循環正在悄悄崛起！當一群心中有著永續理想的人們出現在各行各業時，他／她們決心不再為貪得無厭的市場怪獸服務，而是為了自己的夢想，為了購買者的需要，為了家人與員工的幸福，一步步打造出恰到好處的適量生產型社會。

——賴青松（青松米．穀東俱樂部發起人）

適量製造時代來臨

看見顧客需求・精準生產・改善量產物流系統

十九個平衡品質與規模　實現永續經營的成功品牌

ほどよい量をつくる

剛好，才是最好

甲斐薰——著　林欣儀——譯

前言

在現代社會中，我們看不清楚自己工作的上下游。我們看不見顧客，所以不知道在替誰工作，不太能感受到自己在打造必要的事物。有些人只為了眼前的目標而工作，結果沒辦法肯定自己的工作對別人有幫助。

我認為這種狀況的其中一個原因，就是大家都在追求「數量」。應該有很多人已經搞懂，其實不必有那麼多量了吧？

都已經知道太多了，商店貨架上還是堆滿商品。一套新衣服上市幾個星期，就降價拍賣。為了大量生產蔬果，農藥卯起來噴。聽我說起來很負面，其實我只是想說，這個社會好像已經很難感受到工作的意義了。

人類的意識正在改變，希望打造數量少，但品質可靠的東西。這些東西不只是做完就好，還想送到需要的人手上。我們希望為了身邊的人工作，並保持健康快樂。我認為愈來愈多人這麼想，但社會與企業所追求的價值觀和每個人的心聲，是不是正在出現隔閡呢？

話說回來，當我去各地採訪，就會發現有些人用完全不同以往的思維在工作。在跳脫既有架構的地方，我遇見許多的人與企業，從自己想做的一件小事開始，靠創意達成「適當量」的工作。

近十年來，我訪談過製造業、農業、零售業，總之就是中小規模的生產、物流、銷售方面的企業與人士。本書就是要介紹我在訪談中遇見的人，其中有些人認為量產社會已經碰到瓶頸，努力想打造新架構；有人發掘了日本技術與文化的創新機會，打造新的價值；有人不斷保持中等規模，不斷打造好東西。

比方說從低單價大量生產轉為高單價少量生產的縫紉工廠；創造新體制，可以生產適當數量衣物的企業；提供「權利」，讓粉絲可以購買限量商品的甜點品牌；打造獨特在地產銷物流系統的蔬果公司，還有堅持「客人只要一百個就好」的製作者。

數大真的就是美嗎？真的應該死命提升營業額嗎？還要不斷拋棄國內技術，選擇廉價事物嗎？

有些硬頸的製造商、物流業、零售業，即使規模小，在一般市場上占盡下風，卻靠著智慧、苦工、思維，持續勇敢的挑戰。大家不只是「想」，更做出了「成果」。

我發現只要有了這樣的念頭，這些看起來風馬牛不相及的人，突然就有了共同點。先不管是否刻意為之，但他們都在追求符合這個時代的「適當量」。

不斷訪談下來，我發現不只我一個人同意這種新的價值觀、新的生意，還有熱心顧客捧場這些「適當量」的製造者。

買家的嗜好也在改變，不再追求「更多」，而是「只要喜歡，剛好就夠」。不再追求「用過就丟」，而是「能用得久」。他們想透過購買行為與別人交流，想要盡量循環再利用，消除垃圾……還多著呢。

買家與製作者的這番心意，就匯集在「適當量」這想法之上。

有人把訂製漆器放在德島的麵線工廠販賣，結果賣得超好。如果從銷售量來看，百貨公司可能不屑一顧，但是日本全國正在流行這樣的模式，如果一個場子三十人，全國一千個場子，就有三萬人。

我深深感覺到愈來愈多人在創造高能量的東西，或許規模小，但運送路線、販售地點都變多了。

不過這些活動都還很局部，就算在自己的圈子裡出名，也不會被主流媒體注意。每個地方發生的事情，外人很難獲悉。

於是我走訪各地的實踐者，將這些資訊整理成書。

做著有價值的工作，將必要的事物送到買家手上。本書介紹的故事，乍看之下各屬不同領域，但也有能運用在其他工作的面向。樂見本書能帶給讀者新思維，並重新思考自己的工作。

目錄

II　重新與顧客連結　89

本書架構

本書針對製作者、顧客、商品這三條軸線所形成的三個部分，來探討「適當量」。

I是描述製作者在製作事物時，如何去保持適當量。II是探討製作者如何與顧客重新連結。III是如何將做好的東西送給顧客。

每一章的前半部，會說明主題與背景，後半部則是從具體案例所學到的提示。

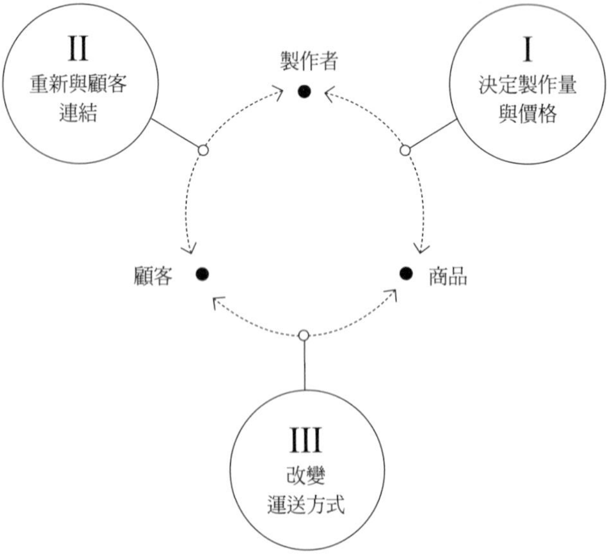

PART I

決定製作量與價格

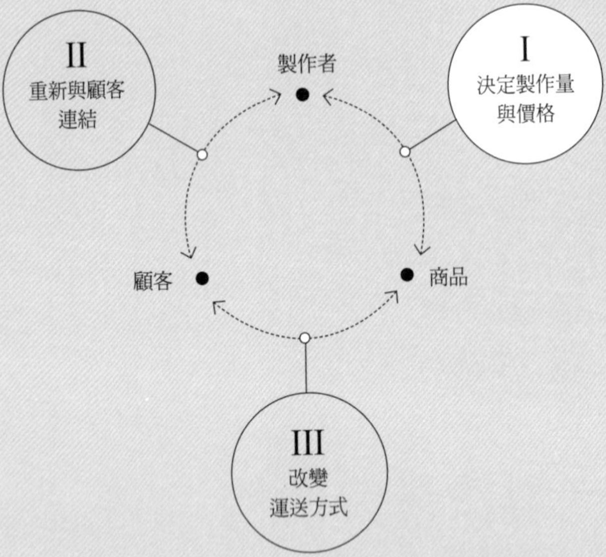

要探討如何製造適當的量，最簡單明瞭的例子，就是那些成功控制自己製作量的人。如今已經不是隨便做就能隨便賣的年代，想要實現不逞強的工作模式，其中一個線索就是摸清適當量與適當價格。不要一味追求營業額，而是找出可以順利製造的量，好好提升品質的量，不會對製作者施壓的量，最後是可以維持這個工作形態的價格。即使數字跑出來，以目前常識看了會覺得錯愕，但只要鼓起勇氣做選擇，總有開花結果的例子。

第一章　減少製作量

五十年前就已經結束的大量消費

仔細想想其實挺驚人的。一九五八年的日本，每十戶才有一戶有電視機，但短短七年後，每十戶就有九戶買了電視機。洗衣機剛出來的時候，每十戶也只有兩三戶買得起，後來變成十戶有七戶買得起（※1），真是驚人的變化啊。

日本的工業生產，其實從大正時代洋服的普及、燈泡量產就開始了。但是大量生產大量消費普及的時代，是從一九五〇年代中期到一九七〇年代初期，這短短二十年間日本經濟高度成長，一般家庭突然都有了電視機、洗衣機、冰箱、各式家電，乃至於汽車。

從七〇年代開始，消費變得多元，開始用來表現自我以及追求品牌。兩千年起到現在則是個新時代，關鍵字成為「簡單化」、「白牌化」、「連結」、「分享」（※2）。

觀察這樣的變遷，可以知道大量消費時代已經於五十年前就結束了。

一九九四年起，日本的消費在各領域都有提升，但總額卻是緩降或持平。每戶每月的平均消費額，從一九九九年的二十九萬四千六百二十八日圓，降到二〇一四年的二十五萬四千四百〇二日圓。尤其是單身未婚未滿三十歲的男性，降幅更大，在汽車與服飾方面的消費額降到一半以下（※3）。

我們也可以實際體會到，這十年內的消費趨勢確實有改變。身邊喜歡買名牌貨的人變少了，但有很多小規模店家出現，賣些精心打造的工藝品，或者廢物再造的商品。愈來愈多人喜歡買花時間、花工夫打造的食品或用品，也有更多人買東西會注重環保。除了都市之外，各地都出現有趣的咖啡廳、個人書店、麵包店，這些有品味的小商家吸引顧客目光變得愈來愈顯眼。

本書就是在這樣的脈絡下，介紹人與企業的新嘗試。

年輕人們慢慢養成一個心態，針對自己用的、吃的，去探討其中的本質，重新檢討過去理所當然的規矩。這種思維並不是企業社會責任（CSR）或社會企業這種口號，而是真正去嘗試從工作的本質改變工作模式。

為何搞不清楚適當量

另一方面，我們究竟是為什麼，搞不清楚真正必要的量了呢？我想原因有很多，其中一個應該是分工變細了。

一樣物品從生產到送達顧客手上，都有自己的過程，而愈來愈多人只介入這過程的一部分。比方說你只按照吩咐做多少量，我只負責採購，他只負責賣等等。分工制度可以讓製作者與銷售者專心於自己的工作，可以提升大量生產與大量運輸的效率，但同時也把減少浪費的努力以及滯銷的風險，全都丟給別人去扛。也可以說，愈來愈少人能夠自己負責決定數量與價格，從採購到銷售一手包辦。

比方說專攻食品浪費問題的記者井出留美小姐，就有一篇報導描寫便利超商的店長在研習中聽講師提到：「經營超商，每天要廢棄兩萬日圓（食品售價總額），每個月能控制在六十萬日圓就很好了。」如果廢棄量多點，單天就高達三至七萬日圓，但每年總公司職員還是會勸門市要進比去年更多的貨（※4），這是為什麼？

「想升官的職員只看數字，只要手裡負責的門市採購更多貨，自己就能升官，所以都會吩咐店長多買新商品，從二十個加到三十個之類的。」店長如是說。

而且在訪談過程中，我又發現一個搞不清楚適當量的理由，那就是賣家不必負擔銷售風險。比方說百貨公司有一招叫做「銷售採購」，是讓製造商寄賣商品，有賣掉的才算有進貨，如果知道賣不出去就不會進貨。

日本於一九九〇年代，百貨公司開始流行起這種低風險的銷售採購法，由於沒風險，就算賣家明知道東西賣不出去，還是會擺出大量商品刺激購買慾望。

有些超市和商店也一樣不負起賣家的責任，以前就有個生產者對我抱怨說：「明明是超市請我種菜，但是賣不完的菜卻要我收回去，賣家根本沒風險啊。」

後面還有很多例子會提到「自己做自己賣」的製造零售業，全部商品都買斷的小商店。這些商家無論如何都得把東西賣完，所以進貨階段就會更加認真，會更用心對顧客推銷，說明商品的價值。

決定減少製作量

將過去量產的東西「減量」，肯定困難重重，有時還需要膽識。

但是從一些例子我們會發現，只要心一橫減量，工作就會輕鬆，營業額也不會降低，甚至還會提升，對製作者與顧客來說都有好結果。

兵庫縣明石市有家出版社叫做「ライツ社」（編按：公司名稱結合 write、right、light 三個詞彙），是由區區四人所成立的小規模出版社，出版書本的數量遠低於業界常規，但是工作品質好，經常推出暢銷書。出版社代表大塚啟志郎，之前在百人規模的出版公司做單行本編輯，是一位主管，後來結婚生子，就跟同公司的業務承辦人聯手自立門戶。

「目前我們出版社每個編輯平均每年要出三到四本書，三年要出二十一本，這跟其他出版社比起來算很少了。我還在公司的時候，每年要做十二到十五本書，時間非常吃緊，而且很多都賣不出去。」

出版社成立第一年，賣書的收款時間拖得比較久，出版到第六本書還虧損兩千萬日圓；但是第二年出版九本書，就抵銷了第一年的虧損；第三年只出六本，營業額就達到一億五千萬日圓，絕對有賺。

我聽說他們的再版率，大吃一驚。日本出版界的書本再版率，平均只有百分之十到二十，但是ライツ社卻有百分之七十一．四，是人家的三倍以上。

「我想之所以有這個成就，絕對不是因為我們的編輯太優秀，而是因為我們縮減了出書的數量。」

出書數量少，就可以花時間去做，就只做想做的企畫，沒有死線就不會妥協。

就業務面來說，減少出版量也有很大的好處。通常出版社業務員只能打擾書店店員五分鐘，如果要介紹五本書，每本只能花一分鐘。但如果兩個月才出一本書，就可以花整整五分鐘去介紹這本書。時間花得多，對書店店員講解的方式就完全不同，還可以談要怎麼辦促銷活動，對每本書宣傳的力道當然不一樣。

「出版業界都被侷限於一種商業模式，就是出一大堆書賭其中一本暢銷，每批出個兩百本新書，這樣負擔最重的就是書店。盤商不斷送一箱又一箱的書來，我還聽說有些書連拆封都沒拆就退回去了。」

聽說有些出版社，甚至不會針對一本書去跑業務，而是走「發包送書」路線，聯絡盤商說：「我要賣這本書，麻煩你去送。」然後就會自動決定送書數量，自動送到書店。

書本盤商負責出版社與書店之間的物流，這是出版業特有的送書系統，原本用意是為了讓任何人都能夠弄到任何書，但是現在新書數量暴增，結果暢銷書就優先被送去熱門書店，小書店反而弄不到想要的書，盤商也就失去了原本的功能。如今的出版社、盤商與書店就是做些沒人認為會賣的書，這些書到處送，最後賣不出去又退貨，惡性循環。身為寫書人，真是看得頭昏眼花，但是這跟先前提到的超商問題，本質上是相同的。

ライツ社出書走的則是「指定送書」路線，初版九成都是由自家跑業務，只送給表示「想要這本書」的書店。

而且大塚先生他們認為，目前自己出版的書籍數量「剛剛好」，所以認定書本「暢銷」的標準，跟大出版社完全不同。

「ライツ社也追求十萬本或百萬本的銷售量，但是對員工很多的出版社來說，賣十萬本還是得把利潤分給很多人。我們只要賣一萬本，四個人分利潤就夠了，所以一萬本就算『暢銷』，於是我們可以推出更多元的書本。東西做給誰，餅的大小就會跟著變，所以銷售量不是絕對指標。我們不會為了衝營業額，而出一大堆不想出的書。」

目前ライッ社有四名員工，兩個編輯、一個業務、一個行政。我問大塚先生，目前這個公司的規模是最理想的嗎？

「目前四個人，每年營業額大概一．五億日圓，如果能保持下去是很好，但我認為可以追求七個人、兩億日圓。長久以來，日本出版社只有不景氣的壞消息，所以我希望我們的活動能成為好消息，才會跟書店聯手推很多新活動。我想這不是為了公司營業額，而是希望貢獻整個出版業，因為我喜歡書，所以我想再多加三個人。」

忍著減量

如果不提那些新創事業，長年進行大量生產的工廠決定切換為少量生產，又會如何？

東京都足立區的「Marya」就是個很罕見的縫紉工廠，重視質量而非數量，在競爭激烈的成衣界成功存活下來。該公司全盛期有一百名員工上班，後來母公司倒閉，經營狀況岌岌可危。經營人認為前景看淡，決定改做高級女裝。目前東京與千葉兩處工廠，員工總計二十五人，每個月製作約兩千件服裝。

從低單價大量生產轉為高單價少量生產，說起來簡單，但師父的工夫不會一夜之間變強，工廠究竟是怎麼轉換跑道的呢？

首先，菅谷智社長為了提升售價，引進了獨特的「一秒一圓」換算標準，也就是跟客戶協商的時候，將工作時間標示出來，讓客戶能夠接受。當時日本成衣業都已經出走海外，工作愈來愈少，很多工廠不管上游委託價格多低，都只能咬牙接受。

「有人問我，為什麼只有你們家這麼貴？我會說，衣服縫扣子最少要花一百秒，我們家的規矩是『一秒一圓』所以要收一百日圓，而且我也說，不可能用十秒就縫好扣子。實際上用十日圓接下縫扣子的案子本來就有問題，也真的有很多工廠因此倒閉。」

工廠裡面的目標值也都不是數量而是金額，Marya工廠的白板上總寫著「本日生產目標金額〇〇日圓」。先別說服飾，一般製造工廠通常都是標記數量，比方說「本日生產目標〇〇個」，Marya刻意標示金額，可見有多麼重視「重質不重量」，而這也讓工人可以更好理解。

而且廠方向上游要求的工作報酬，以及整家公司賺了多少錢，對員工是完全透明的。這麼一來員工看了就知道，要做多少工才能付得出大家的薪水。

轉型當時，菅谷社長的座右銘就是「忍著減量」。

「以前我們的品質只有這樣，但是往後的客戶需要更高的品質，我們要徹底升級，所以不斷打掉重練。我們剛開始根本不計成本，這時候如果貪心，品質就上不來。所以我忍耐，每天做的量不用太多，完全專注在如何提高品質。」

我個人認為門檻最高的一個決定，就是碰到報酬划不來的工作，便堅定回絕客戶。

由於Marya持續追求少量高單價，提升技術力，目前工廠的定位就是東京都內縫製高級女裝技術的前三強，什麼都做得來。

縫紉技術外行人看不出好壞，其實像絲料、緞料這種薄料，要上縫紉車做成精緻的衣服，就需要很高超的技術。目前Marya主要都做限量品，有總共只有二十件但一件幾十萬的高級成衣，或者使用特殊布料的限量服飾。不少客戶因為出價太低被回絕，但終究會因為找不到其他工廠敢接，最後又回頭找Marya。

有個熟悉成衣業界商品企畫的承辦人，認識Marya好一段時間，他說日本業界做專業代工（ＯＥＭ）（※5）的承包工廠，沒有一家像Marya一樣這麼會跟客戶喊價。「因為絕大多數工廠只要有工作，就算虧錢也肯接。」

四年前，菅谷社長的兒子菅谷正先生接班成為廠長，慢慢開始規畫自家品牌商品。菅谷正先生說，日本服飾的國內生產率愈來愈低，成衣加工業幾乎沒有空間讓新手參戰，但是「永遠都不缺人做精緻的衣服，這是ＡＩ絕對做不來的事情，我想需求是不會消失的。」

即使業界競爭激烈，Marya還是靠著改變製作量，轉型成穩如泰山、自立自強的工廠。乍看之下，或許只是改變商業模型，從低單價大量生產轉為高單價少量生產，但這個故事的本質，在於Marya透過轉型獲得他人眼中無法取代的地位。

Case ① 佰食屋

一百份，賣完就打烊

有家餐飲店的規矩是每天「只提供一百份餐」。販售國產牛肉排蓋飯的京都餐館「佰食屋」，老闆娘中村朱美女士笑著這樣問我：

「你看，營業額有需要那麼高嗎？」

這家餐館只有上午十一點到下午兩點半營業，每天限定只賣一百份就結束，菜單也只有三項餐點。店裡有五個店員，每天從早上九點工作到下午五點半。公司總共三十二名員工，其中十五名是正職。二〇一九年八月，除了國產牛肉排蓋飯專賣店之外，還經營「壽喜燒專科」、「肉壽司專科」、「佰食屋1／2」，共四家餐館。

公司旗下門市賺不了多少錢，但是保證員工不必加班，全家可以共進晚餐。至於獎金與加薪制度等主要條件，與其他企業沒有差別。

每天早上，最早從九點開始就已經有饕客在店門口等著領號碼牌，每家餐館都只提供一百份，所以十二點之前可能就已發完號碼牌（「佰食屋1／2」更把數量限定為五十份）。想必很多人都會覺得：「訂兩百份，生意不就更好了嗎？」

「但是每天提供的量多了，要進的貨也就更多、工作時間更長，我就是不希望這樣。」

為什麼公司一定要提升營業額？為了員工？為了股東？跟中村女士聊下來，我突然覺得好奇怪，為什麼從來沒有人像她這樣開公司呢？重視個人得失多於公司利益，只賣必要數量的好東西。員工只要工作最少的時間，去追求最大的營業額，但不會拉長時間去擴大規模。

我本身在公司當上班族的時候，每天都瘋狂加班到深夜。當時社會對「黑心公司」並沒有那麼計較，我也做得很開心，所以完全不覺得公司有錯，但確實常常在想「我不可能在這裡做上一輩子吧」。

就這點來說，中村女士所打造的職場真是完美。

聽說現在大企業也在減少加班，但是餐飲業依舊相當困苦，以前就有個義大利餐廳主廚，告訴我餐飲業的工作環境有多悲慘。薪水不到十萬日圓，員工幾乎都是派遣，流動率當然也高。中村女士的父親曾經是飯店餐廳的主廚，中村女士從小就聽父親教誨，要她千萬別到餐飲業工作。

縮減菜單，不打廣告，不拚房租

但是怎麼有辦法每天只賣一百份，還能繼續做生意呢？日本餐飲業就算是當紅名店，要每個月都賺錢也很困難。通常要準備好多菜色，每天營業到很晚，付出大筆房租，開在人潮更多的好地段。

然而佰食屋完全反其道而行。佰食屋會花錢在原料與人事上來提升商品品質，但是其他成本就徹底刪減。

首先第一點，就是縮減商品的種類與數量。每家餐館的菜單只有兩到三種餐點，而且「每天限定一百份」。由於餐館知道每天要用多少量，就不會浪費食材，根據數量來設計餐點，買來的每個牛肉部位都能用得乾乾淨淨。而且因為不用存放食材，店舖裡也就沒冰箱。

第二點，完全不花錢打廣告或跑業務，就只靠超強的「商品能量」來取勝。

「所有肉都要試吃，不斷討論醬汁要用什麼葡萄酒，搭配什麼醬油，最後選出最棒的組合，所以其他同業很難模仿我們。我們挑牛肉，品種跟部位也是最適合午餐時段的。」

商品能量高，口碑自然有，商家只用心在製作與待客上。

第三點，就是降低房租。佰食屋的店面，開在「菜市場的死巷二樓」，一時根本認不出來。然而中村女士認為，開在人潮多但房租高的地方很是浪費。

「現在的客人很聰明，一支手機什麼都查得到，而且很多人只願意在自己喜歡的地方花錢。我覺得重點是要成為顧客『喜歡』的那個選項，人們已經不再沒頭沒腦的買東西，也不會糊里糊塗就走進館子吃飯。大馬路一樓房租高的規矩，我想已經跟不上時代了。」

營業額與員工數的規模恰到好處

目前佰食屋的營業額大約一億七千萬日圓左右，其中還包括了她先生經營的房地產業，光是餐飲業的話有一億兩千萬。但是中村女士認為這樣的營業額還是太高，希望能控制在一億日圓左右。

「很多人會想盡辦法提高營業額，我想大多數都是為了虛榮心吧。比方說想開好車，想買名牌包，但是這些對我來說都不重要。我只要把規模控制在對公司、對同僚，以及對我自己都最好的狀態就好了。」

但是要怎麼給員工成長空間以及提升薪資呢？

「如果我覺得員工有所成長，我就會替員工開家新餐館，讓人家去當店長。如果要請人家做新的職位，除了加薪還會有其他獎賞。

但是我開新餐館不是為了擴大規模，是有員工想當店長才要開，這個順序很重要。」

目前中村女士的思維，是每二十個顧客配一個員工，一百份餐的餐館就配五個員工。如果員工的薪資與能力提升了，或許就會替這員工開辦新餐館。不然就是有兼職人員離職了，就把每天一百份減為八十份，來減少每家餐館的人員配置。重點就是只要能以目前的員工人數維持營業額，繼續經營下去就好。

整家公司的員工人數，大概只有學校一個班級三、四十人那麼多，剛好讓員工之間進行深刻交流。對中村女士來說，適當的公司規模是由員工人數來決定的。

陷入困境時的選擇，就是變得更小

二〇一九年夏天起，出現了一家新形態的餐館名叫「佰食屋1／2」，這家餐館每天只限定五十份餐，餐點是牛腩飯或絞肉咖哩一盤，等於是佰食屋的一半。

二〇一八年的夏天，日本可說是天災連連，六月有大阪府北部的地震，七月有西日本一帶的豪雨，九月有颱風二十一號。大阪、京都乃至於整個關西的觀光業大受打擊，就連佰食屋也沒了客人上門，大幅虧損。

「當時真是艱困啊，只差一點就要關掉一間店、解雇員工了。但是我最後還是沒辦法這樣做，死命想著該怎麼撐過去，後來發現一百份確實賣不完，但是五十份就賣得完。不管發生什麼事，五十份都還是賣得完。只要配合這個最低限度的數字來操作，或許就能打造更小，更堅強的店家。」

於是隔年，出現了可以由兩人來經營的餐館「佰食屋1／2」。中村女士匯集了以往所累積的知識，精心想出最小規模的營運方法。每天只賣五十份，每份一千日圓，每天營業額五萬日圓，每月營業額一百二十五萬日圓，扣除成本毛利有五十萬日圓，這就是人員的收入。如果由一對夫婦來經營，一家人可以達成年收六百萬日圓，而且每天只要從早上九點半做到下午三點半，一天六小時就好。

媒體大肆介紹這個商業模型，反應相當熱烈。

「我知道有很多人都在吃苦，例如那些先生很晚下班，太太獨自帶小孩的辛苦人家，或者年收不到五百萬日圓的雙薪家庭。很多人寫信或打電話給我說『我就是在等這種工作環境』，很多人希望能加盟，我們也正在檢討有沒有加盟的可能。」

以往的商業模式，是分分秒秒想提升產能，只想著怎麼把營業額做到最大。但只要反向思考，用最小規模來減少工作時間，不也能提高產能，創造出堅強的小生意嗎？往後的時代裡，人類或許該往這個方向好好思考了。

Case ② 修整有限公司・シタテル株式会社

媒合想做適量衣服的人與製作者

接下來要說的案例，跟減少製作量有點不同，而是有家公司替只想做適量衣服的人介紹適當的工廠，那就是修整有限公司。

我有個朋友曾經委託工廠製作原創商品，結果工廠說一批最少要六千件，必須擴大通路才能回本，這下只能嘆氣。明明只想做少少，但普通工廠會說：「等你有辦法賣更多再來下訂吧。」

對成衣工廠來說，成衣業界的旺季在於春夏裝、秋冬裝的生產期，其他時段就比較閒散。正常來說，五十件以下的訂單效率不好沒人想做，但是在淡季，有些地方也願意接小單。修整公司就是看準這點，創造一個制度，讓任何人都可以對成衣工廠下單做衣服。

「只做想要的量」追求適量生產

修整公司有一半的委託人是成衣界的專業人士，另一半是非業界的企業與個人，只想做些講究的衣服。

成衣業界相關人士，有時候會因為自家工廠缺乏某些縫紉及加工技術，或者想要成立新品牌，於是委託其他工廠。

另一方面，非業界人士要委託，通常是想要做制服。目前的餐飲業與旅館業愈來愈重視品牌，想說裝潢都那麼講究了，卻沒有制服廠商的目錄，所以愈來愈多人要訂做原創制服。

修整公司的接案流程如下：首先修整公司的員工會在網路上擔任諮詢員，聯絡想做衣服的人與成衣工廠，聽取想做什麼衣服的意見之後，再來決定款式、挑選質料、打出版型。規格決定好之後，再由別的員工前往成衣工廠製作衣服。

即使是離島偏鄉這些交通不便的地方，修整公司也可以靠著獨特的聊天系統，完全不必見到面就能搞定工作。有些大企業的新創團隊需要訂做實驗室制服，這種特殊需求讓修整公司的客戶包括了大型日用品廠商、化妝品廠商、餐飲業，高級飯店等等。

很多案子想做的衣服並不是要拿去賣，所以不超過一百件的訂單為多。

負責宣傳的及川尚子小姐說：

「成衣業界本來就有大量生產、大量拋棄的習慣，我們是希望成衣業界能往適量生產的方向走。我們的經營團隊沒有一個人是成衣業界出身，或許就是這樣才能想得更廣吧。」

將日本各地成衣工廠的資訊視覺化

公司負責人河野秀和社長，之前做的是營運諮詢工作，曾經聽零售商談過：「我只想做三十條牛仔褲，你知道有哪家工廠願意做嗎？」這就是創業的契機。基本上成衣工廠的資訊不會出現在網路上，外行人很難得知。

根據修整公司的調查，目前日本國內大約有五、六千家的成衣廠，卻沒人知道哪家工廠擅長什麼技術、有哪些成果。像這樣不透明的工廠資源，如果能與想做衣服的人的心願媒合起來，應該能提升工廠收入。

自從二〇一四年創業以來，有愈來愈多工廠在公司系統中登錄，二〇一九年七月，日本國內有四十家工廠登記，加上國外就有六百五十家，成為一個大網絡。對修整公司來說，可能會向委託人收手續費，也可能收取專案的指導費。目前公司約有六十名員工，公司沒有公布營業額，但是每年成長率是百分之兩百。

工廠有很多老人家，如今還是習慣用電話或傳真來談事情，所以修整公司會細心支援，比方說為沒有電腦的工廠提供無線網路，並租借iPad等等。剛開始相當費工，但只要將接單的經歷建檔，用過的模式就可以再用，還可以從資料推算出淡季，有很多程序都能自動化。

目前成衣工廠接的單幾乎都是全訂製，但是可以運用其他客戶的訂單模式，比方說改個顏色或花樣。

每件訂單規模都很小，但是接單數量穩定增加，製作者就能持續增加獲利。而且公司方面蒐集的資料也會衍生出知識，這不就是維持適量生產的一個架構嗎？

註釋

※1〈主要耐久消費財等之普及率〉（內閣府《消費動向調查》）

※2 參考《第四消費》三浦展（朝日新書）

※3〈單身戶每月消費支出演變〉（摘自消費者廳《平成二十九年版消費者白書》〈第一部第三章第一節（2）有關年輕人的消費支出〉）
「每月各品項之平均支出額」中的汽車相關費用，二〇〇九年為一萬七千六百四十六圓，二〇一四年為七千三百五十一圓。服飾方面，自二〇〇九年的四千七百四十六圓到二〇一四年降至二千二百〇一圓。

※4 Yahoo! 新聞個人版井出留美「『每月廢棄六十萬就是好經營』兩位超商店長的心聲」
http://news.yahoo.co.jp/byline/iderumi/20180417-00084086/

※5 OEM就是「original equipment manufacturer」的縮寫，是替其他品牌製造商品的廠商。飲食、服飾、家電、汽車產業有相當多的專業代工工廠。

參考文獻

《高度成長—改變日本的六千天—》吉川洋（中公文庫）
《高度成長—日本近現代史系列8—》武田晴人（岩波新書）
《食物里程新版》中田哲也（日本評論社）
《大量廢棄社會》仲村和代，藤田皐月（光文社新書）
《流通大變動—在第一線看日本經濟—》伊藤元重（NHK出版新書）
《減少營業額吧》中村朱美（ライツ社）

第二章　探索適當量

思考自己工作的「適當量」

話鋒一轉，請問讀者有想過自己工作的「適當量」嗎？

上一章介紹了「減少製作量」的案例，但本書所謂的「適當量」並不一定是「少量生產」或「中量生產」。這裡所謂的「適當量」，是彈性修改死板的生產量，或者將只能少量生產的項目搭配成一個數量，達到供需平衡才是真的適當量。

社會所需要的量，不需要大量拋棄的量，能夠感受到製作者溫度的量，不會勉強勞工的量，能維持文化的量……每個觀點都有自己的適當量。我的建議就是針對既有的生產量，考慮自己工作的適當規模，這是第一步。

本書所介紹的人們，都有自己想實現的社會、想扮演的角色，並且努力依據自己的理想來調整規模，試著在當今市場上實現。

有時候將少量生產的物品搭配起來，有時候改變製程來增量，有時候靠少量多元化來取勝，每個人下的苦工都不同。

少量的不穩定生產，整合起來就能平衡

比方說有家很罕見的蔬果物流銷售企業叫做「坡道途中」，專門銷售新農戶所栽種的農產品。調查結果（※1）顯示，剛開始加入農業的人，有九成對有機農業有興趣。公司負責人小野邦彥先生認為，如果這些學著有機農業長大的新農戶，栽種出來的農產品可以打進市場，應該能推廣更加環保的農業。

追求無農藥栽培的新農戶，通常產量少又不穩定，既有的物流與市場很難接受他們的產品。小野先生說這些滿腔熱血投入農業的人，通常會因為過不了日子而放棄。於是坡道途中獨自研發一套系統，收購新農戶栽種的蔬果，與許多新農戶合作，主打蔬菜多元性與獨特風味，並且送貨到府。二〇一九年八月，與坡道途中簽約的農戶約有兩百五十家，其中九成是新農戶。

「就算只是蘿蔔，也分青首蘿蔔、紅通通的大紅蘿蔔、圓滾滾的聖護院蘿蔔，而我們的客戶什麼都吃得到。如果年輕人能進來接手因人口老化及流失而廢耕的農地，或許

就能改變日本的農業了。」

每件交易的規模都很小，都很費工，但也因此張羅到其他公司無法應付的多元品項。有機農業比傳統農業亦即使用農藥與化學肥料的一般農業更加纖細，收成量經常上下震盪，但是只要向多家農戶收購，就能保持出貨量平穩。

包括傳統蔬菜在內，坡道途中每年銷售四百多種蔬果。公司採會員制，主要是定額訂購（※2），目前會員人數比去年多了一．四倍左右（二〇一八年統計），每個月解約率大約為百分之五，在農產宅配業界算是很低。公司在京都還有個直營門市，但主要還是針對個人或餐飲業提供線上購買。

二〇一九年五月，公司調度的資金超過六億日圓，往後更計畫擴大出路，開設有機蔬菜專門的餐廳，或是有機食材銷售門市。目前公司會員不到兩千人，但估計二〇二四年會成長至一萬人。

日本有機農業的耕地面積，每年增加四到五個百分點，但目前總面積只有全國耕地面積的百分之〇．五（※3）。隨著民眾更加注意健康與環保，日本的有機食品市場規模，預計在二〇二二年會比二〇一七年多出百分之十，也就是多出約兩千億日圓（※4）。為了推廣更環保的農業，除了目前有在關注的人之外，還要推廣到新的市場去。公司的擴張計畫，應該就是為了這個目標。

二〇〇五年起，消費與生產的改變不斷擴大

並不是每家大企業都在想「東西賣得愈多愈好」。佐久間裕美子女士的著作《流行的生活革命》中，就描述美國在發生次級房貸危機以及雷曼兄弟公司破產之後，生活潮流開始從「消費就是好」的消費至上主義，轉變為「重視溝通、連結、品質、創造性的生活形態」。

像是戶外用品品牌巴塔哥尼亞（Patagonia）在二〇一一年十一月的黑色星期五，於《紐約時報》刊登了一則「Don't Buy This Jacket」（別買這件外套）的廣告。佐久間女士的著作寫到，這個契機引爆了後來的克制過度消費潮流。黑色星期五是美國年底購物潮的第一天，也是每年購物量最大的一天。故意在這天宣導「沒必要就別買」，意味著對過熱的消費潮敲響警鐘。

不只是那次黑色星期五，巴塔哥尼亞從一九八五年起，每年都會將百分之一以上的營收捐給環保團體。公司實施以下三項經營方針：新產品要盡量使用環境負擔小的布料與化學藥品，要盡量使用可回收材料，而且商品壽命要盡量拉長。公司還在全世界推廣「Worn Wear」（舊衣）活動，積極提供自家產品的修補服務。

自二〇〇八年起，美國只花了短短十年，就比日本更快轉向這樣的生產與消費態度。

三浦展先生所寫的《第四消費》，描述了日本從二〇〇五年起展開的「從個人取向轉為社會取向」「從利己主義轉為利他主義」「從私有主義轉為分享取向」的變化。其中我最有同感的觀點，就是「環保與簡化，比較容易與日本人的心態結合」。

日本人在一九五〇到六〇年代之間經歷量產與消費的時代，當時效法美國的生活形態，如今則追求更樸素、更有機的消費模式。循環型農業、傳統產業、工匠，愈來愈多玩家涉足這些領域，我想也是因為日本人正開始重新檢討自己的生活。年輕人們已經慢慢發現，過去的文化與技術，隱含許多往後生活所需的提示。

Case ① 麵包與日用品 特地來・わざわざ

不斷尋找剛好的點

當我開始撰寫本書，其中一個想見的人就是「麵包與日用品 特地來」的平田遙香小姐。她寫了一本書叫做《特地來的工作形態》，裡面提到：「如果我們想在能力範圍內把工作做到完美，那就只能追求那個剛好的點。（中略）如果想回應所有人就得突然擴大規模，我們也會因此毀壞。」（第十四頁）

平田小姐說的「剛好的點」，跟慢活、降速這種放慢步調慢慢活的思維並不同。更不像是「手工打造所以難免產量少」或「等我有興趣再開門做生意」這種做好玩的心態。

以自己的全力去面對現在的市場。市場面對不特定多數的消費者，充滿各種消費者期望，例如便宜就是好，選項多就是好，功能強就是好。平田小姐的商店為了回應市場的聲音，用心累積自己的工夫，慢慢擴大商業規模。

每次應該擴張多少？該怎麼擴張才不會稀釋了熱能，又能傳達東西的好？平田小姐希望透過商品，把自己珍惜的理念推廣到社會上。

「特地來」是平田小姐在二〇〇九年獨自成立的商店，先從攤車開始，沒多久就成立電商網站。剛開始是在自己家的角落賣麵包，二〇一一年搬到現址開店。目前店面開在山上，要從長野縣東御市御牧原走蜿蜒的小徑才能到。店名叫做「特地來」，意思是「謝謝您特地到這裡來光顧」。

她的麵包很快就紅了起來，常常賣到缺貨，又不忍心顧客特地光臨卻空手而回，所以加賣起日用品。

二〇一九年四月，平田小姐開了另一家跟特地來不同概念的「問 tou」，所以目前經營兩間實體門市以及網路商店。網路商店的業績突飛猛進，二〇一八年的銷售額達到二・六八億日圓，員工也增加到將近二十人。

特地來在短時間內迅速改變形態，但是就如之前所說，這個經過就是不斷在各方面調整「可以做到什麼地步，到哪裡算是做過頭」，也就是所謂「尋找剛好的點」。

為了量產而限縮種類

例如在尋找剛好的點這個延伸之上，將麵包限縮為兩種。

「特地來」剛開幕的時候，店裡賣很多種麵包，有將近二十種之多。但是麵包賣得比想像中還好，很快就得面對售罄的問題。

平田小姐當時下的決定，就是減少麵包種類。

「我在能力範圍內盡力而為，結果把『能力範圍』弄得太大了。我想這樣下去會弄壞身體，不能長久，所以減少了麵包的種類。

還有一個重點，就是我發現老顧客一直買我的點心麵包，結果變胖了。我問顧客怎麼會胖，顧客說每次吃完便當就吃個麵包。這讓我恍然大悟。我竟然把自己不吃的，對身體不好的東西，賣給顧客吃了。」

然後平田小姐下定決心，只烤正餐麵包，將種類縮減到鄉村麵包與吐司麵包兩種，並且重新檢討製法、嚴選材料。於是她能夠製造更多麵包，品質也更好，同時也能夠確保睡眠時間，在店裡也能做更多事情。

但是只做兩種麵包，不代表減少工作量，而是為了好好量產這兩種麵包。

很多人會獨立開業，限縮麵包店規模做個小本生意，當然也是選項之一，而她為什麼會想努力把麵包送到更多人手上呢？

「我發現要是太注重烤健康取向的麵包，就會吸引到養生、素食的客人，這樣客群就偏頗了，世界就變小了。反過來說呢，如果我提供的麵包走方便路線，客群就會變大，變得普及，當下我就覺得哎呀，世界還是別太小比較好。

做有機農業的人，如果只生產自己要的份，就不能把幸福分給其他人。但是只要稍微改變作法，提升效率，增加產量，降低價格，宣傳東西好吃，周遭眾人的生活也會慢慢改善啊。」

平田小姐並不主張「有機」或「健康取向」，而是想傳播「我這個比較好吃喔」「我這個比較可愛喔」的歡樂氣氛。

「大家會想買稍微貴一點但是很好吃的麵包看看，結果就是自動變健康，環境負擔也減少，我覺得這樣很好。」

如果有人要，就設法量產

特地來不只賣麵包，還賣三千個品項的日用品與食品。有些是向廠商進貨，有些則是委託工廠生產的原創商品。

店裡挑選商品的方法非常講究，所有東西都是平田小姐或員工用心搜尋，長期試用，才能夠進入選項之中。要先用個一年確認手感與損壞程度，能夠符合的才會採購。

「像牛仔褲就要穿個一年，洗個好多次，才知道耐不耐穿。像燒水壺呢，我們就會用很久，拍照記錄長久變化的過程，告訴顧客會變成這樣喔。」

看看網路商店的商品，有包括調味料、抹布、廚房用品、清潔劑、鞋子、衣服等等五花八門的日用品。

公司裡有個單位叫「商品部」，會花時間驗證商品品質、互相討論，決定是否要採購。如果覺得有這種東西應該不錯，但市面上又找不到，那就會自己來生產。比方說「圓形奶油盒」與「阿蘭羊毛（Aran wool）襪」，就是這樣來的。

剛開始產量很少，但只要很多人詢問，就會考慮量產。比方說奶油盒本來是一位作家的作品，但一直都缺貨，所以公司向這位作家以及瀨戶市的製造商不斷協商，終於達成非常貼近手工的量產製程，所有工序都由人工完成。

襪子剛開始也只生產一百雙，後來發現製造過程總是會有餘線，就研發了所謂的「餘線襪」，如今每年光是襪子就能生產一萬雙以上。

無論採購或生產，特地來的重點都很簡單，就是「我自己想不想用」。公司有個堅定的想法，自己不想用的東西，就不希望人家來買。

目前很多公司都主打可退貨，但是特地來不一樣，只從五花八門的事物中推薦自認真正好的東西。如果店家沒有這樣的功能，到底為何要賣東西呢？

令人驚訝的是，特地來跟所有廠商都有面對面的交情。平田小姐認為，如果不知道對方是怎樣的人，做怎樣的東西，不可能打好關係。

特地來決定採購的門檻很高，花的時間很長，所以會認真面對自己「想賣」的東西。一定要自己相信「這個真的好」才會採購，所以熱能很高，而這股熱情也會傳遞給顧客。

即使事業規模擴大，也要維持風格

二〇一九年四月，新店舖「問 tou」開幕了，距離特地來大概二十分鐘車程。沿路都是翠綠的農田，往上開去有個池塘公園，公園裡有座東御市立建築，一樓是藝廊兼咖啡廳、精品店。要先點餐才能進門，門口有點餐櫃檯。

走進店裡一看，氣氛完全不同。不能說是進店的門檻很高，但是就會令人挺直腰背，小心翼翼。柔和的音樂，咖啡的芬芳香氣，窗外一片翠綠。

店裡擺著有點冷門的老書、洋裝與工藝品，感覺光是在這裡打發時間，就相當奢華了。

「特地來是比較日常的店家，這裡則是非日常。我想打造一家主題是「偏愛」的商店，賣的東西不一定是生活必需品，但是可以滿足心靈。我不想把格調弄得太高，但是想做得比較有文化，讓人緊張一點。」

平田小姐在這家店，也不斷探索對顧客最好的平衡。

「氣氛弄得太高端，客人就不敢上門，所以我會注意笑著迎接客人，親切地給客人解釋。要是當地人都不來也很冷清，所以我也把菜單價格往下修了一點。」

目前外地客與本地客大概各占一半，有時髦的年輕女孩，也有隨便穿的阿伯，平田小姐最喜歡看到客人各自享受自己的時光。

「我有段時間在想中量生產的適當量究竟是多少？我想找到一個辦法，就算把公司規模做大，也能保持現在的風格。就像巴塔哥尼亞，客人問店裡任何商品，店員都能回答得出來對吧。我覺得大的地方有大的品質。

像是Aeon，超值有機食品系列既便宜又好吃，以那個價格來說CP值超高，但是所有商家都變成Aeon也很無聊，所以我們希望做些大廠牌做不到的事情。」

以往都是由平田小姐主導採購、製造、銷售、宣傳，就算員工人數增加，也不會稀釋經營的溫度，這個體制還是持續運作中。

就算只能少量製作，一旦有需求出來就轉為量產；一旦開始量產，就希望賣得更好。把自己想要的「好」發揮到最大。特地來的倉庫裡面有一句標語，寫著「一切都是為了某人的幸福」。

Case ② 寶島染工

磨練技術，染出市場上通用的量

以往天然染只能少量生產，但是有個染坊研發出量產的天然染技術，可以用於成衣市場。這間工坊，就是福岡縣三豬郡大木町的「寶島染工」。

染坊負責人大籠千春小姐，提起了成立染坊的理由。

「我完全不認為化學染料不好，這是很棒的技術，我以前也在這樣的染坊工作過。但是我對廢水排放有疑慮，所以想要專攻天然染，結果這條路沒多少工作可做。我找不到任何天然染的染坊，可以生產一定的量，又有職缺可以雇用我，所以我才想說自己來試試看。」

通常像藍染、植物染這種方法，成品容易有顏色濃淡的落差，很難一次染大批衣物，所以不適合量產。目前市面上的服飾，絕大多數都是化學染。

「我認為成衣市場肯定有天然染的需求，但是產能限制在作家單打獨鬥的小規模生產，這種技術無法用在一般市場上。說得極端一點，任何人都可以染五件衣服，但是想要穩定染出五百件，就需要完善的架構與技術了。」

大籠小姐不斷嘗試染料配方與染色技術，研發出好幾十種配方。使用藍染、墨染、植物染等天然染料，以及可以做出絞染、折染、板壓染等花樣的「防染」技巧，打造出來的技術一次不只能染幾件或幾十件，而是幾百件。

「用天然染料手工染的花樣，有種難以言喻的魅力。我覺得這個技術很棒，所以希望能夠成立這門生意，傳承給下個世代。我想，或許這就是我的使命吧。」

成立原創品牌，招牌商品要長青

寶島染工一邊承接染色工作，也於二〇〇八年左右開始創作原創品牌的服飾。

二〇一六年，首次參加荷蘭阿姆斯特丹的共同展覽，在這場展覽上得到很好的迴響，因此在日本國內也打開知名度，目前專業代工與原創的營業額已經達到五比五。

時尚產業每一季都會有新服飾出現，然後迅速消失。人們逐漸認為新的才有價值，舊的就是爛貨。但是寶島染工不管流行趨勢，而是慢慢增加招牌商品。

「我們會限時提供新產品，使用新的造形或圖案，但是基本上都賣招牌商品，所有商品都走中性路線，從二十歲到八十歲都能穿。」

聽她這麼說，可能會讓人想到大家都能穿的寬鬆老土衣服。寶島染工的衣服尺寸確實寬鬆，但是版型設計得好，穿上去就能展現漂亮的輪廓，不僅輕盈，也不會有粗俗的感覺。

大籠小姐說，服飾賣場也正在改變。

「以前我覺得，只要跟全國連鎖的大型服飾店有關係就可以放心，但是現在我發現，大型連鎖服飾店並沒有好品味的顧客。以前會覺得跟這個採買員聯手，生意肯定穩定，現在不會了。我不會選那些一次採購三百件的人，而是選每季買三十件，然後跟我們細水長流的人。」

染坊旁邊有個用老民房改建的展示間，預計這陣子還要在附近開一家直營門市。

「我覺得就像在蔬果直銷站（譯註：日本農業協會旗下的銷售據點）買蔬菜一樣，

愈來愈多人也想買有溫度的衣服。很多客人想知道這些衣服是在哪裡做的，就跑來染坊參觀，聽染工說說話。感覺不只是買東西，還買了背後相關的體驗。」

客人們穿上大籠小姐染的衣服，是受到天然染的美所吸引，同時也慢慢改變心中對「帥氣」、「時髦」等名詞的感受。

原本大家認為手工天然染只能少量生產，如今成為可以中量生產，而且可以持續生產的技術了。

Case ③ 鰻魚的床・うなぎの寝床

新型的在地盤商

在這次新取材的採訪中，我常常聽到「盤商」一詞。盤商就是介於製作者與賣家之間幫忙發掘需求的中介者，但我發現並非所有盤商都只做這件事。

其中有一家流通販賣公司，不僅有傳統盤商的批貨與物流功能，還會開拓市場、研發新商品，真該說是「新型盤商」了。「鰻魚的床」在福岡縣八女市有一家推廣門市（Antenna shop），公司代表白水高廣先生說自己的公司是「在地文化商行」，功能比傳統盤商更多元，經手商品的領域也更廣。

鰻魚的床專賣九州、筑後一帶所生產的物品，包括花布褲（もんぺ）、連身洋裝、木製便當盒、餐具、玩具、雜貨、食品等等。

不僅如此，公司為了讓當地人見識其他地方的工藝品，利用了八女市傳統建築「舊寺崎府」來開精品店，販售其他行政區的工藝品。

除了零售與批發之外，這家公司還有做為製造商的面向。共同點在於透過物品來「傳達地方文化」。除了一樣東西的功能與價格之外，還探討背後的歷史、文化與故事，轉換成符合時代的樣式來推廣。公司的工作不只為了賺錢，還有了意義與使命。

拆解物品的功能，活用要素

比方說鰻魚的床研發了一款「現代風花布褲」，使用久留米花布（譯註：久留米絣，用染過的線所織成的布）製作，如今已經成為量產商品。鰻魚的床位於八女市，隔壁的久留米市是歷史悠久的久留米花布產地，全盛期每年生產兩百萬匹，有兩百間以上的織布廠，還有許多紡織和染色的工坊。如今織布廠只剩二十三間，全市花布產量也降到每年六到八萬匹。

這種花布採用傳統的「先染」手法，用染過色的線來織布。伊予花布、備後花布、久留米花布並稱日本三大花布。

白水先生當時看上的，就是用久留米花布做的花布褲。

「久留米花布原本都用來做和服或女裝，所以我從來沒穿過。第一次穿到久留米花布做的衣物，就是花布褲。穿起來真是舒服，我覺得現代人應該也願意穿。

我先辦了場花布褲博覽會，設計很多版型，讓大家可以用家裡不穿的和服與布料來做花布褲。」

久留米花布的寬度剛好可以用來做一套和服，但是因為要做比較窄的花布褲，就乾脆改成「現代風」，結果年輕人喜歡現代版，訂單也就增加了。

「訂單多到我們委託的工匠來不及做，所以我們就買布料來量產。可是傳統的久留米花布，實在沒辦法壓到批發價，不僅費工，布料還很貴。這時候我想到了，乾脆不要用花布，用單色布就好啦。」

一般人聽到久留米花布，就會聯想到經典的藍底配白色小花紋，那花紋就像註冊商標。但是白水先生認為，布料的柔軟與觸感比花紋更重要。

「其他布料產地靠近大量消費市場，但是久留米比較晚引進大型織布機，還在用小型的和服布料織布機。所以久留米在織布的時候，布料承受的張力比較低，成品也比較柔軟，穿起來的觸感很舒服。另外呢，如果要織出花樣就得用不同的經線跟緯線，成本會因此上漲。我希望先割捨花樣，讓大家知道久留米花布穿起來很舒服，然後透過這個契機去了解真正的花布。」

花布褲的款式簡單好穿，窄版單色的時尚感搭配久留米花布的舒適性，結果打造出暢銷商品。目前鰻魚的床所生產的花布褲，每年使用八千匹布料，占了久留米花布總生產量大約一成。

白水先生欣賞傳統工藝品的眼光，其實相當嚴格，他認為如果沒有留下的意義，衰退也是在所難免。如果只看「織布」這件工作，國內的人事費絕對無法與國外相比。

但是只要拆解傳統工藝品的功能，就會發現可以運用在現代的要素。說到花布褲，就要看布料的柔軟度。拆解之後只要有流傳的價值，就可以流傳它的技術，這對文化與經濟來說都有重大意義。

對傳統工藝圖案支付設計費的機制

另外像是只能少量生產的傳統手工製品，就保留本質轉為機械化量產，比方說「南風原花織」。

花織是讓部分織線隆起，織出小花等圖樣的技術，跟琉球花布一樣是沖繩的傳統技術之一。琉球花布有六、七百種傳統花樣，對工匠來說，搭配花樣來設計圖案也是重要的工作之一。白水先生就想，能不能針對這圖案支付版權費呢？

「工匠們的工作，其實跟工業界的圖案設計師很像。所以我想到由機械來紡織這些圖案，做成花布褲之類的商品，然後支付對方圖案的使用費。」

傳統花織連線都是天然染，而且手工紡織，要經過許多工程才能完成，因此價格昂貴，很難在市場上推廣。但是白水先生認為如果沒人買，文化就會衰敗，所以將傳統花織修改為量產品，所產生的版權費用就算金額不高，工匠們還是會有一筆穩定的收入。

目前鰻魚的床同時推廣少量製品與量產品，例如傳統手縫的坐墊套，以及只用上圖案的機械紡織托特包。

公司的任務，就是替製作者搭配適當量

「綜合公司的優點，就是可以買賣各式各樣的東西。一般公司只會買賣產地附近的東西，不去應付遠處的需求，這是因為經濟上的利潤不高。所以我乾脆不去想經濟價值，從傳播文化這點來發掘價值。但是現在日本的地方城市經濟都在衰退，必須買賣各種東西，才有利潤可以維持生意。」

鰻魚的床不僅賣傳統工藝品，也賣運動鞋、餐具等新創者的創作品。

我問白水先生，他賣的東西適當量何在。

「每個製造商的適當量都不一樣，我想我們公司的任務，就是應付每家廠商可以生產的量。比方說做手工便當盒的工匠，每個月或許只能做十個，那我就會幫助他每個月都能賣十個。另一方面，像久留米花布這樣還有供應空間，產地只要追求新的銷售通路，我就會幫忙開拓市場。久留米有使用窄版手動紡織機的織布坊，也有使用大型機械

量產的工廠，我想有大有小就是這個產地的強項。我希望能配合創作者的想法，去找出答案。」

配合創作者的生產極限去開拓新模式，尋找新賣法。鰻魚的床專攻地方文化，展現了新的公司形態。

註釋

※1 針對新進農戶所舉辦的「新農業人調查」，結果顯示九成以上的受訪者「想做有機農業」或「對有機農業有興趣」。摘自〈新農業人調查之農業從事希望者之意願〉（全國農業會議所調查），〈有機農業面面觀〉（平成三十年　農林水產省）

※2 不是購買單一的商品或服務，而是針對使用期間定期支付費用的商業模式。

※3 〈有機農業面面觀〉（平成三十年　農林水產省）

※4 〈有機食品市場規模變遷與預測〉（二〇一八年矢野經濟研究所調查）

參考文獻

《流行的生活革命》佐久間裕美子（朝日出版社）
《是誰殺了成衣業》杉原淳一，染原睦美（日經ＢＰ）
《特地來的工作形態》（特地來有限公司）
《綜合公司研究—源流、成立、發展—》田中隆之（東洋經濟新報社）
《日本流通史》石井寛治（有斐閣）

第三章　正確提高價格

除了價格之外沒有其他資訊的購物

俗話說「一分錢一分貨」，意思是價格愈便宜品質就愈差，便宜貨就是那個樣子。即使如此，人們還是會挑便宜的來買，我認為這是因為店面除了價格之外就沒有其他資訊了。

小菜販、小魚販這些小商家還欣欣向榮的時候，市場到處都是老闆的喊聲。「今天這個魚新鮮喔！看看這個魚眼睛！價錢也便宜喔！」「你要買這個柳橙，不如買這個和歌山橘子啦！值得喔！」

在這樣的交流之下，買家的眼光也會成長。

當我去採訪創作者與產地，見到大家削價競爭、流血降價，價格降了就上不來，即使犧牲品質也要降價。我常常在想，只要讓買家知道價格之外的價值，就算不必降價，也是有人想買的。

建立品牌，價格加倍

另一方面，「宮治豬」（※1）的宮治勇輔先生則說：「現在日本食物的價格太便宜了。」宮治先生成功建立了自家豬肉的品牌，用傳統價格的兩倍左右自行販售。

宮治先生在自己的著作中寫到了這件事情。

「人們認為食物『便宜＝價值』是怎麼一回事？便宜到農戶都活不下去了。

我不認為價格由市場決定是恰當的。消費者身穿名牌衣物，但是想要省錢卻從飲食下手。（中略）如果東西好，價格就該高，所以才要建立品牌。」（※2）

宮治先生剛繼承家業當養豬戶的時候，希望把上游產業變成「高名氣、高意義、高收入的三高產業」。他年輕的時候並不覺得農業和畜牧業很神氣，但是相信爸爸養的豬很好吃。

所以他完全不插手生產過程，東西還是一樣，自己只思考「怎麼賣」，鑽研銷售、流通、業務等方面。

開頭竟然是巴比Q烤肉。他寄電子郵件給親朋好友說：「我想改變上游產業，幫我打氣。」「我要辦烤肉，來玩吧。」總共來了二十個人，他讓大家吃炭烤宮治豬，然後對親友說：「如果覺得好吃，就幫我介紹給朋友，多帶些人來吧。」

他每個月辦一次這樣的烤肉會，來的人愈來愈多，三個月之後達到六十人，每年光辦烤肉會就能賺三百五十萬圓。而且效果不僅如此，來參加烤肉會的人都會宣傳宮治豬有多好吃，名氣大到可以去銀座餐廳辦活動，愈來愈多人來採訪，連餐館和百貨公司都來採購了。

原本都是透過ＪＡ（日本農業協會）把豬肉賣給「想吃便宜豬肉的人」，後來慢慢轉型為賣給「寧願多花點錢也要吃宮治豬的人」。

他的轉型過程非常巧妙。一般新農戶常常跳過ＪＡ直接自產自銷，但他先照老規矩，請ＪＡ收購豬肉轉給盤商，然後自家再收購其中一部分，用宮治豬的品牌來販賣。只有當顧客指名買宮治豬的時候，他才會買回所需的分量，所以不會有耗損。收購回來的商品就自行包裝，直接送給百貨公司或餐廳。

宮治豬的豬肉價格貴國產便宜豬肉將近兩倍。每個月出貨的豬肉量只有一百頭，限量更提升了價值。透過傳統的ＪＡ盤銷以及開拓的新客戶，雙方加起來的營業額，三年就成長了五倍。

如果走傳統的銷售物流系統，生產者很難自己決定價格、產量與客戶。宮治豬靠著成功銷售豬肉本身，進而掌握了這些控制權。

量產使技術流失

對文化與技術訂出適當的價值，是維持適當製作量的一大關鍵。

日本有很多傳統的手工文化，漆器、鑄器、織布、刀具、木雕、和紙，但是從明治時代到二戰結束，許多產地都轉為量產，不是降低品質就是改變傳統技術，大家都以便宜大量又快速為優先。

像漆器就是其中一個。傳統漆器產業是日本文化的象徵，甚至外國人都把漆稱為「JAPAN」。漆器的胚是由木材製作，但是從昭和三十年代起，漆器開始量產，出現了塑膠胚噴上化學漆的化工漆器。知名漆器產地加賀市有家山中漆器工坊叫做我戶幹男商店，裡面的我戶正幸先生如是說：
「我不否定量產會需要化工漆器，但是經濟泡沫化之後，產地完全迷失了漆器的本質。我現在認為，過去名匠們互相切磋琢磨的技術，才是最應該傳承下來的東西。所以我正在找回技術，試著做出符合時代潮流的作品。」
但是我所有製造業的朋友都說，沒有其他先進國家比日本保存更多手工技術，前面提過的鰻魚的床的白水高廣先生，把原因告訴了我：
「像英國、荷蘭這些國家，把製造業工業化的時候，就把手工看成了勞動。所以機械化之後，就不需要手工了。另一方面，日本在勞動中發現了美，把手工昇華為傳統工藝。日本人會把手工指定為傳統產業，並且加以保護。」
一九七四年，日本制定了「傳統工藝品產業振興相關法案」（簡稱傳產法），目的是振興全日本的工藝品與產業，在二〇一八年十一月已經指定了兩百三十二個項目。
多虧這個制度所發放的補助款，傳統產業才能避開鬥爭，在競爭激烈的市場上存活，但也等於是自經濟活動撤退。一九九〇年起，傳統產業的生產金額與商號數量就不斷減少，足以為證。（※3）

以補助款來保護傳統產業，或許褒貶各半。但是現在日本還保留這麼多手工藝，至少對西歐人來說是值得羨慕的事情，很多人願意付大錢來日本參觀。

就算傳統產業的技術消失了，應該也不會立刻影響我們的生活，但是日本特有的文化與技術消失，剩下的東西就與其他國家相同，全世界就只剩標準化的東西了。

往後的時代裡，每個國家、地區特有的文化應該會更有價值吧。日本有日本的文化，各地有各地的文化，世界上同時存在五花八門的作品。保存技術，就是付錢買下完成一樣物品所需的時間與手工。

只買便宜的東西，久而久之就失去了有價值的事物……我想這樣真的很可惜，畢竟我們已經失去太多了。

Case ① 筒井時正玩具煙火製造所

曾經是日本國內僅存的唯一一家仙女棒製造所

玩具煙火就是在價格上贏不過外國產品，結果不斷衰退的日本國產品之一。

所謂玩具煙火，就是一般家庭可以買來玩的攜帶式煙火。每到夏天，超市角落就會擺出一套又一套的煙火套裝，裡頭一定有仙女棒。看著小小的火球燒呀燒最後掉下來，將那感傷的火光比喻為壽命，自嘲說：「唉，好短命啊。」就是一幅夏日的風情畫。想不到，這場景也是量產的副產品。

中國製的仙女棒每支只要二到三日圓，國產的則要超過六十日圓。福岡縣三山市的「筒井時正玩具煙火製造所」創業九十年，有段時間是日本僅存的唯一一間仙女棒製造廠（目前則有兩家廠商在生產）。而且仙女棒愈做愈虧，是標準的賠錢貨。工廠第三代的筒井良太先生，在繼承家裡的煙火製造業之前，去其他煙火公司學了仙女棒的作法，不斷研究怎麼做出更好的煙火。

「每年夏天結束，我就會到處拜訪盤商，結果竟然有人說：『我沒放過煙火。』他們可是煙火盤商喔？不管我們的火藥配方多麼巧妙，最後他們還是只看價格啊。」

就算標明是日本國產的煙火，通常也是從中國進口火藥，只有外面紙捲是日本產，以此謊稱國產來降低價格。盤商曾經對筒井先生說過：「你們家要不要也這樣做？」畢竟價格壓不下來，就無法跟外國貨抗衡。

打破常規的價格設定

但是有一天，第一次親眼看到先生所做的實驗性仙女棒，今日子女士感到大為震撼。

「我太太說，哇！這什麼啊！火花這麼大，我還以為好幾支一起點呢！她從沒看過這樣的仙女棒。不過這才是傳統日本的仙女棒。當時我就想，這不能跟國外生產的煙火用相同的價格來賣。」

於是夫妻倆努力鑽研不透過盤商，而是由自家公司來銷售的原創產品。和紙、松脂等原料全都堅持國產，包裝也改得更高級。公司設計了一款送禮用的新產品「花花」，搭配和蠟燭與燭台，四十支要價一萬日圓，在煙火業界真是破天荒的高價。

今日子女士說：「盤商說一萬圓這麼貴的東西賣不出去啦，沒有人會買啦。我公公是當時的社長，他也全力反對，可見這個價錢有多破格了。」

然而這套產品參加東京禮品展的時候，被BEAMS的採購員看上談成交易。區區煙火卻變成雜貨、擺飾及禮品，真是前所未見，做出了新鮮感。從此之後，許多精品店與雜貨店都來要求合作銷售。

「後來我們的客人就跑去問盤商，盤商也來跟我們批貨。但是我們沒有降價，就一直維持原本的價格。」

融入設計的能量

話說回來，原本一支幾十日圓的東西突然賣到幾百日圓，顧客應該還是會買不下手。

「其實真的是會。當製造端做了新東西，盤商就會說：『這不是你們該做的吧？』我先生也擔心說，盤商會不會拒賣我們其他的專業代工的產品，畢竟我們目前專業代工的產品占比很重。所以我們之前都很低調的賣，專挑盤商沒有發貨的店家呢。」

另外一道障礙就是近在眼前的親人，良太的父親，也就是當時的社長。新產品的研發與設計，一時無法用肉眼看到成果，老闆非常反對在這種地方花錢。

良太先生表示：「對理解業界常規的人來說，有這種反應很合理，畢竟這個圈子只看能不能用最低價做最大量，做設計不會馬上有成果。我爸說在設計上花錢、花時間真是蠢，有這種閒工夫不如多做一兩支煙火，當時就是這樣的年代啊。」

為了公司努力卻不受肯定，也曾經有過灰心喪志的時候。「但是我相信做了就會成功，所以不想放棄。」

會成功的原因是什麼？我請今日子女士舉例。

她說：「我想設計的影響很大。我們請朋友介紹，參加了縣主辦的設計講座，當時我們連設計的設字都不會寫呢。講座內容不是表面的技法，而是設計的本質，比方說從不同觀點看待相同事物會大大改變觀感，或是如何創造商品概念。當時我們才知道，設計不只是決定商品表面的顏色跟造形而已。」

在研發新商品的同時，也委託設計師來設計商品包裝，每次設計師都帶來全新的創意，讓兩人相當興奮。

在製造面也刷新了製程，新製程相當費工，所以無法生產太多。即使如此，自家產品與盤商批發的專業代工產品營業額，還是從「一比九」提升到了「五比五」，往後的目標是拉到「七比三」。

只要依賴國外生產，這薪火遲早會滅。筒井夫妻的創舉不只是技術傳承，更是將岌岌可危的國產仙女棒文化，傳承給下一個世代。他們狠下心拉高價格，將逐漸衰弱的文化轉變為有希望的製造業，是個很好的典範。

Case② 腔棘魚食堂・シーラカンス食堂

有事做卻沒錢賺

價格壓得太低，會使有價值的技術漸漸衰敗。隨著工匠們年齡增長，各地傳統技術有如風中殘燭，有些工匠為了傳承技術重新檢討繼承機制，努力栽培後進。

兵庫縣中南部的小野市，從神戶電鐵粟生縣小野站出來，沿著大馬路走五分鐘，會發現一戶人家的玻璃門印有WORK SHOP字樣。這裡是小林新也先生的老家，在裱褙行角落新成立的鍛造工坊「WORK SHOP」。同時，小林先生經營的設計公司「腔棘魚食堂」辦公室也在這裡。

小野市與附近的三木市，自古以來就是刀具產地，江戶時代生產剃刀、剪刀與菜刀等家用刀具，鍛造業蓬勃發展。到了昭和年代，開始生產大量的修枝剪刀，目前則是生產剪刀與鐮刀等刀具。

各位讀者可知道，剪刀的種類其實五花八門。線頭剪刀、裁縫剪刀、修枝剪刀、理髮剪刀……甚至還有剪地毯、剪糖果等專用剪刀，全國各地都有訂單過來。各地對工匠工夫的評價很高，工作接都接不完，但是目前工夫好的工匠都七八十歲了，也沒有栽培什麼接班人。

為什麼有事做卻沒人要做？小林先生想，最根本的問題應該是價格太低了。

腔棘魚食堂名義上是設計公司，但做的不是外形、顏色這種狹義的設計，而是與各地傳統工藝品合作，挑戰課題尋找根本解決之道，與製造商一起研發商品、開創通路。當「小野五金批發商業工會」聯絡小林先生的時候，原本是希望設計一款新的刀具，「但是我聽多了，看多了，就發現我該經手的不是產品設計。刀具已經淬鍊了幾百年，可以說爐火純青，不是我可以隨便插手的東西。那這個業界根本的問題是什麼？我想就是商品價格太低了。」

目前日本工匠還是無法擺脫「廉價大量生產」這個前提，結果日本數一數二的熟練工匠也只能接很多便宜工作，忙得半死卻賺不到錢，陷入惡性循環。

提高價格，改變只有盤商賺錢的架構

當我走訪小野市的時候，小林先生帶我去拜訪工匠，其中一位井上朝兒先生已經八十好幾，專門打造花剪也就是插花用剪刀，而且都到這個歲數還是現役工匠。

走進井上先生的工坊，裡面擠滿了機具，空氣相當厚重。彎腰駝背且行動不甚自由的井上先生，獨自在這工坊裡工作。他連走路都顯得吃力，但是一坐下來工作，雙手好像成了不同的生物，動作行雲流水。研磨、鍛打，所有製程都記在他的身體裡。

「井上先生的花剪跟其他人有什麼不一樣？他的工夫之精準就是答案。」

井上先生的剪刀，在東京都的專賣店可以賣到數萬日圓，但是盤商委託井上先生的工作卻是初階的大批磨刀工。而且井上先生接案的價格，跟兩個世代之前一樣低廉，讓他無法專心做剪刀。

臨別之際，井上先生笑嘻嘻的遞給我一把昂貴的剪刀，這樣的清心寡慾，想必就是井上先生的人品，以及他做為工匠的人生觀吧。一定也是因為這樣的好心腸，才會隨口接下那些不值錢的磨刀工作。

如此一來，這般可說已達藝術高度的技術，就無法傳承給年輕人，終究會凋零。我可以理解小林先生在旁觀察會有多難受。

或許這可以說是賣家沒有著眼於高超的技術。

於是小林先生對工會提議，要來提高商品價格。

東西的品質肯定好，他認為現在需要新的銷售通路。於是他成立了「播州刀具BANSHU HAMONO」這個品牌，將包裝改為高貴的桐木盒，準備了淺顯易懂的圖像來介紹用法，並去參加家飾生活風格展。工會的人與小林先生的親友，對這套作法半信半疑，但是卻一反他們的預期，立刻展現出成果。國外的大品牌採購員，更希望這些刀具能夠參加巴黎的展覽。

打造高價商品線進軍海外。播州刀具從此在紐約、倫敦、巴黎、阿姆斯特丹等地獲得超乎想像的迴響，於是也開始在國內以高價販售。鐮刀、剃刀、線頭剪刀、裁縫剪刀……所有刀具都成功提升了價格。

小林先生說：「日本盤商的成本跟批發價有很多死規矩，結果這個系統害製作者賺得最少，只有盤商大賺特賺。這樣無法解決產地的問題，我就是想改變這個架構。」

拆解鍛造工作，分別訓練

小林先生成立了一家專門做國際生意的公司，叫做MUJUN，並在二〇一八年於腔棘魚食堂的角落開了一間鍛造工坊「WORK SHOP」。

這是因為近年來工匠們年紀增長，缺乏接班人，小林先生對此抱有「這樣下去日本就沒有人做刀具」的危機感。

我們又去拜訪另外一位線頭剪刀工匠水池常彌先生，他有六十年職人的經歷。

「鍛造可不是那麼簡單的工，不是隨便一個人來就能做了。一個人要能做出像樣的刀得栽培八到十年。如果只是做相同大小跟形狀，也要三到五年。可是客人會訂做各種款式跟尺寸的剪刀，你得花個十年，才能應付各種訂單啊。」

水池先生今年七十五歲，這個年紀要收徒弟可不容易，但是他下定決心，在二〇一六年收了個徒弟。

「我都這把年紀了，早說過沒辦法收徒弟，但是小林老弟跟我說『日本的和剪、線頭剪獨步全球，如果水池大哥沒有栽培接班人，這些剪刀就後繼無人，就會在這裡絕種了。』那個瞬間我才想說，對喔，才發現如他所說真的要絕種了。」

其實從二〇一三年起，大概陸續有十個人想學，但是目前只有水池先生收的這個徒弟進門。水池先生沒辦法收更多徒弟，其他工匠也是年紀太大，不方便。

「我沒有別的辦法，這樣下去真的沒人接班。所以我決定不去拜託工匠，而是自己打造一個地方，讓人家來學鍛造技術。」

小林先生的想法，就是打造一個工作環境，拆解鍛造的過程，針對每個工法進行訓練。

「打造刀具有很多工序，大致來說就有加熱、用鐵鎚鍛打成形，以及融合鋼鐵的鍛接。然後還有搥打、延展、成形、研磨、開孔、焠火、回火、研磨、組裝為成品，上剪刀支點的銷、裝彈簧等等。」

工匠說全部學起來要花十年，沒學十年的工夫賺不到錢，所以徒弟要進這個圈子很困難。但是我發現，就算只學其中幾招，把需要高超技巧的部分外包，也是可以創造原創商品。」

研發練功途中也能做的商品

原本一位師父只收一位徒弟，耗費多年傳授工夫，但是WORK SHOP讓志願加入刀具業的人在這裡做刀具，有必要就向各位工匠討教。這或許比一對一傳授工夫更花時間，但是不會讓工匠承擔收徒弟的壓力。

工坊裡面有退休工匠贈送的舊機具，以及新添購的機具，工作環境相當完善。設備費用以及接班人的活動經費，則是透過網路集資而來。

目前有二十多歲與四十多歲的志願者在工坊工作，以學徒的方式學習鍛造。腔棘魚食堂方面，也有贊助少許生活費。

第一項工作是研發所謂的「富士山小刀」，除了開鋒工作之外，全都由實習的學徒們來製作。作品在集資網站上開賣，賣得超乎想像的好，推出半年就賣了兩千支以上。有時也會失敗讓顧客久等，但只要這個機制成功，往後當學徒的人就能邊賺錢邊學工夫。

這個方法可以傳承多少技術還是未知數，但就像之前所說，技術傳承已經面臨生死關頭的情況了。

「只要自家公司研發商品賣得好，就能用更好的價錢委託工匠做東西。如果設計師、盤商這些中間人，把擁有技術的工匠的利潤吃掉，真正有價值的東西就會消失。

看看世界，很少有先進國家現在還會保存代代相傳的傳統與文化了。尤其日本的刀具有獨自的演進，日本工匠可以手工量產有如藝術品的刀具，真是了不起的世界，這個世界要是衰敗下去，就太可惜了。」

註釋

※1　宮治豬（みやじ豚）：神奈川縣藤澤市的養豬戶。勇輔先生原本在人力派遣公司上班，後來回家繼承家業，針對物流、銷售、行銷方面進行大幅度改革。他定期舉辦享用宮治豬的烤肉會，提高知名度。宮治先生同時也成立「NPO法人農家接班人網絡」，幫助農戶的接班人們回老家接班。

※2　《湘南風起，豬大賣》宮治勇輔（かんき出版）

※3　〈傳統工藝品產業之現狀，與往後之振興方案〉（平成二十三年二月經濟產業省）

PART II

重新與顧客連結

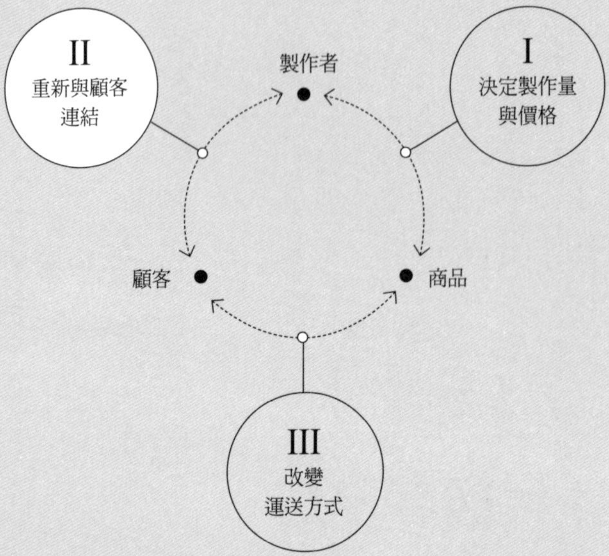

所謂的適當量，不只是大量生產或少量生產的規模問題，或許該說是「顧客要求的量」。只要看清楚必要的量，就不會做太多而廢棄。只要看見使用者的表情，製作者和運送者就會感受到工作的喜悅。

但是當今世上，要不斷面對不特定多數的顧客並不容易。許多店家與品牌用力召募會員，但是除了集點卡的優惠之外，有多少客人能感覺到商家的心意呢？社會不斷出現新東西，也有許多類似的產品。在這樣的環境中，讓顧客看見生產環境和過程，與創作者和銷售者接觸，才是與顧客建立關係的關鍵。

第四章　觀察過程

不知道想要什麼

假設家裡有個玻璃杯，有誰可以回答這玻璃杯是誰做的，又是怎麼做的呢？今天早上吃的麵包？現在身上穿著的衣服呢？

其實我自己也幾乎不清楚。身上的衣服是附近服飾店買的便宜貨，麵包只知道是對面麵包店烤的，並不清楚原料。我們完全不懂身邊的物品，卻還是毫不在乎的吃著用著。

量產化帶來的弊病之一，應該就是看不見製作物品的過程。

在昭和三十年代之前，日本人什麼東西都自己動手做。不僅是稻米、蔬菜、豆穀、茶葉等糧食，就連生活器具也用木雕或竹編來做。在不久以前，我們奶奶或曾祖母的年代，衣服是用痲或棉紡線織布做的，房屋是從後山砍來樹木跟木匠一起搭建的。所以我們看到身邊的物品，大概都知道是怎麼個來由。

當我們開始從店裡買現成貨，就看不到這些東西的製作過程。聽說有小朋友相信，海裡游的魚長得就像超市裡的切片魚肉，這絕對不是笑話。

而且光靠店面的資訊，要挑東西其實很困難。

或許有人會說：「我對食品比較挑，會仔細看食品標示才買。」我個人也會看有沒有寫基因改造或有機栽培等等。但是制度總有漏洞，比方說有機農業其實允許使用特定農藥，而基因改造原料只要不超過重量的百分之五就不必標示，所以我根本不知道該相信什麼。

光是一個玻璃杯，店裡賣的跟隔壁人家桌上的有哪裡不同？除了價格與外形之外，根本沒有判斷依據。

根據某本雜誌所說，每兩個日本人就有一個在買東西的時候會覺得挑選商品很「麻煩」，而且愈年輕這種傾向愈明顯。（※1）

「想要的，我才要。」（ほしいものが、ほしいわ）藝人系井重里在八〇年代說了這句知名的廣告詞，或許現在也是「想要的，我才要」或者是「想要的，已經足夠」的狀況。

看著店面的商品，看不到背後任何資訊，只是一整排沒臉的妖怪，很難刺激顧客想要的動機。

了解過程才發現價值

因此目前製造業與農業的現場出現一股潮流，也就是開放生產環境與過程讓顧客直接觀察。讓顧客產生慾望的關鍵之一，就在於讓他們「看見」或「體驗」。

比方說可以親自參觀體驗的「觀光工廠」，可以實地參與的農場體驗，還有公開生產成本與利潤的成衣工廠。

購買行為原本被鎖在黑盒子裡面，如今世界正在重新檢討這個狀況，讓人又驚又喜。原來這個商品是這樣做出來的，原來這樣做才會這麼好吃，原來就是這樣穿起來才舒服，讓顧客在心中留下這些恍然大悟的經驗。

有了經驗，買起來才放心。既然要買，至少買個沒說謊、老實生產的東西。我想，愈來愈多人有這種心態了。

更進一步來說，不知道物品製作的過程，就不知道它的價值。

富山縣高岡市有家賣傳統工藝品與生活雜貨的精品店，店老闆告訴過我，讓顧客體驗製作物品的過程，就會大大改變顧客對物品價值的觀點。

高岡是鑄器、銅器、漆器的產地，這家店裡也有賣音色清脆、外形漂亮名叫「おりん」的鈴鐺及各種鑄器。

「可是很多客人看到價格就不想買了。工匠做的東西很費工，小小的錫製酒杯就要賣三千六百日圓，客人覺得這樣很貴。」

所以這裡舉辦了體驗型的觀光工廠。參加者要把特殊的沙子壓緊做出模具，倒入融化的錫做出酒杯。這是很簡單的體驗，但自己做過才會發現專家的技術多高超，拿來賣的東西品質多好。有人體驗過之後，改口說賣得真是太便宜了。

只要知道價值，就算稍微漲價，還是有人會來買。如何讓顧客知道價格與性能之外的魅力，也是一種嘗試。

Case① RENEW

完全公開產地的生產現場

最近幾年流行所謂的「觀光工廠」，就是在特定期間公開整個生產現場，讓顧客可以參觀並親身體驗。像「高岡工藝之旅」（高岡クラフツーリズモ），新潟縣燕三條的「燕三條工廠節慶」就很出名，而福井縣的「RENEW」也是其中之一。

在討論適當量之前，這個機制是要先讓顧客了解某些事情。

物品生產的地方稱為產地，傳統上產地是透過盤商或物流業者來做生意，一般人幾乎沒有機會看見物品製作的現場。很多工廠完全是接大工廠的外包訂單，外人根本無法窺見它們的面貌，甚至連當地人都不知道自己的城鎮就是某樣東西的產地。

福井縣的鯖江、越前就是其中之一，這裡生產大量的和紙、眼鏡與漆器，卻以專業代工生產為主，產地的名字幾乎沒人知道。最近日本人才知道所謂的「鯖江眼鏡」，但其他製品依舊沒沒無聞。

RENEW的發起人兼活動總監、設計公司TSUGI的新山直廣先生，談起觀光工廠的意義：

「我認為往後產地必須自己向顧客宣傳『製造、設計，以及所有想要傳遞的資訊』。能不能直接連結顧客，對任何製造物品的城鎮來說都是重要課題，一切就從有人知道開始。」

鯖江市的河和田地區，從二〇〇四年起就開始舉辦「河和田藝術營」，有很多參與製作的年輕人搬來住。我幾年前來採訪的時候，一群木工、眼鏡匠、漆器匠、設計師、店老闆聚在一起討論：「要怎麼把這個城鎮打造成工匠、設計師、作家雲集的製作聖地。」RENEW就是他們邁向理想願景的第一步。

二〇一五年舉辦第一屆時規模很小，但每年舉辦的區域都有在擴大，二〇一八年已經有眼鏡、漆器、和紙、手打刀具、櫥櫃、燒陶、纖維等七個不同會場，一百一十一家的工坊、企業、商店參展，三天內有三萬八千人次來訪。

大規模展覽的功能，就是連結年輕人與工匠

能看到平常可說是空蕩蕩的河和田，有許多年輕人在這裡開心逛街，相當新奇。我很驚訝，原來這麼多日本年輕人關切日本的製造業，只是沒機會接觸罷了。

趁著晴空萬里的爽朗秋日，我來逛逛俗稱「和紙鄉」的越前市今立地區。河邊和紙篩紙工坊林立，別具風情。這裡有十七間造紙廠、盤商與工坊，會在一定期間內開放，讓民眾可以自由參觀各家工坊。

我走進其中一家「長田製紙所」，第四代負責人長田和也先生正在製造燈罩用的紙。這裡的紙跟傳統手篩紙不同，還使用加了三椏花的顏料，在和紙上畫出如繪畫般的花紋。能親眼看著現場作業同時與工匠聊天，是一種純樸的樂趣。

逛了幾家工坊，就知道每家工坊都有自己的特色與擅長的技術。和紙的用途真是五花八門，而且不用說，就算和紙技術歷史悠久，也不代表做出來的東西都很老氣。國外名牌會使用和紙來裝飾商品櫥窗，用和紙做出線條圓滑的置物盒，各家工坊都在挑戰最

尖端的製作。

參觀RENEW的人，大多是從都市來的設計師、藝術總監，以及其他創作相關人士，讓這些人知道和紙資訊就可能打開和紙的新用途，於是觀光工廠也達到了大規模展示的效果。

新山先生說觀光工廠還有一個效果，那就是「讓當地人明白製作的價值」。外人看不見製作者的樣貌，代表製作者也很久沒看見使用者了。

來參觀的年輕人常常驚呼「這啥？」「超強的！」工匠聽了就會開心。盤商、零售商總是只用價格來判斷製作者的價值，如今製作者有了展現技術的舞台，就會想起工作的本質在於幫助別人，而助人為快樂之本。

首先要開放產地讓大家看見，並且知道這是重新連結製作者與買家的第一步。

Case ② 人・農・自然連結會

風景也是大家愛喝茶的理由之一

適當量的「適當」不只取決於人，也要取決於地球本身。學者已經說了很久，人類的經濟活動與消費行為，早就超越地球的容量及資源的極限了(※2)。觀看農業生產現場就是一個寶貴的機會，去了解只有豐饒的自然環境，才能夠生產出好吃的農產品。

靜岡縣藤枝市的茶園「人・農・自然連結會」(以下簡稱「人農」)，從四十多年前就開始採用無農藥、有機肥料的栽種工法，是非常先進的農戶。

我是先知道了商品，才知道有這座農園。某天發現茶葉的包裝上寫了：「好百姓在種好農作之前，要先整好土。一半是茶，一半是百姓心，請您品嘗」就想知道這是怎樣的農戶。

杵塚敏明先生一家人經營這座茶園，每年都會請遊客來摘新茶，人多的時候會有一百五十人。我聽說六月初會舉辦「二期茶收成兼紅茶品茗會」馬上就去參加。

我剛到就大吃一驚，海拔五百公尺的山坡上是一整片的茶園，我還以為茶園就像東海道新幹線沿線一樣，是開在平地上的。

當天大概有二十人參加，有年輕小姐、親子、老年人，形形色色。開心的摘新茶之後，杵塚先生就帶大家參觀茶園。

這裡不灑農藥，以自家堆肥與乾草當肥料，所以土壤比其他農田更加鬆軟。四周是森林，蟲鳴鳥叫，山風徐徐，實在舒服。

「有這個生態系，才有這個茶。我們不用農藥，但是有鳥會來吃蟲，所以能保持生態平衡。」

站在一旁的小姐輕聲說：「我每次喝這個茶就會想起這片風景，眼前是一整片的山峰跟茶園，結果忍不住又買了。」

聽到這句話讓我恍然大悟，大家愛喝杵塚先生的茶，原因之一就是這個風景啊。

我想欣賞現場不只能獲得知識，工廠裡加工現摘茶葉所冒出的香氣，工作空檔喝的紅茶，顏色漂亮口味香醇。不是因為無農藥，而是感官的記憶連結了茶的味道。

後來我們參觀新鮮茶葉乾燥成紅茶葉的過程，這也相當有趣。到底有多少人知道，紅茶與綠茶其實是用相同的茶葉製成的呢？

與顧客建立的關係就是強項

「人農」與顧客之間的關係很深厚，最近除了紅茶製作參觀之外，還舉辦採新茶活動及品茗會，每年都有幾次農業體驗和交流活動。敏明先生的孩子們也會到農園裡幫忙，客群正擴展到年輕族群中。

杵塚先生一家從一九七六年起就開始與顧客建立關係，其實可說是走投無路。不僅是「人農」，許多採用有機栽培、自然農法的有機農戶，透過農協的物流與販售通路，不是價格不符成本，就是推銷不力，只好自己開拓銷售通路。

但如今，自己的通路反而成為強項。他們直接與消費者連結，建立關係，所以即使規模小，也不需要仰賴他人，可以自力經營。看見別人吃喝自己的作物，才容易感受到工作的價值。

目前像「人農」這樣連小孩都想在農園工作、繼承家業的例子，在缺乏接班人的農業界可說罕見。或許是孩子們從小就看著顧客們愛茶的模樣，耳濡目染才有這樣的選擇吧。

有需求就拜託附近農戶

「人農」的主體是「無農藥茶協會」，這個協會不只受到消費者支持，更是與消費者一起創辦而成。在那個日本社會幾乎沒有人栽種有機茶的年代，一群主婦們來問杵塚先生「能不能種些無農藥的茶？」杵塚先生為了回應大家的要求，才成立這個協會，創辦當時有四十位會員是消費者，四位會員是生產者。

與其等著農戶種出來賣，不如買家自己請農家種，這就是起點。

「既然農戶是應會員的要求來栽種，會員們也就常常來幫忙割草。至於茶葉的價格，大家會一起決定一個買方認為買得起，生產者明年也能勉強繼續種下去的價格。」

這個協會持續了三十七年，最後因為會員年紀增長而解散，但是這些顧客都被「人農」吸收，理念持續保存下來。

這是所謂的CSA（Community Supported Agriculture，社區協助農業）制度，民眾把農戶當成「代替自己製作食物的人」，整個社區都幫忙農作，在西歐行之有年。CSA的會員每年要預繳會費，每一周或每兩周可以定期收到作物。CSA的另一個特色，就是天災風險不由農戶扛，而是由消費者扛。無農藥茶協會沒有預付制度，但是想法很接近CSA。

日本有一位美籍的雷蒙．艾普先生，與太太明子女士在北海道夕張郡長沼町經營「長沼美諾村」（メノビレッジ長沼），就是採用這種CSA農業形態。消費者要吃多少，就請附近農戶種多少。這裡的農業只會用心栽種消費者需要的分量，完全不同於使用農藥與化學肥料，被迫大量生產的大規模農業。

與意氣相投的對象做生意

「人農」交流會與其他地方還有一點不同，那就是工作完成之後會舉辦學習會。活動身體感受經驗之後，召集所有參加者來討論特定的「食物」。這是希望參觀者不要只有將時間花在享受農業體驗的樂趣上。

「我認為用自己的話來描述自己的經歷，會深化思維，讓心思更深刻。我們還會邀請貴賓，參與開會討論呢。」大女兒步小姐這麼說。

為什麼寧願費力除草，也不肯用農藥？為什麼不用化學肥料？參加者自己也會去思考。

「人農」不僅這樣對一般顧客，對上零售與盤商這些客戶也是一貫的態度。

「我們也希望有更多客戶，但是不代表任何人都可以買我們的東西。我們不打算對價格讓步，所以經常跟大客戶談不攏。通常都是小規模的零售商家、個體戶，才懂我們的理念。最近愈來愈多國外的買家，看到我們的茶園就中意，來買我們的茶。」

針對無法直接造訪茶園的遠方顧客，「人農」除了寄茶，還會附上介紹茶園詳情的手冊與《茶園郵件》，將這個季節的茶園是什麼景色、正在做哪些工，用文字與照片表現得淋漓盡致。

「光是無農藥茶，這個社會已經有很多了，如果不多做點什麼，顧客不會懂。讓顧客親自來茶園一趟是最好，但是不可能大家都來。我想會支持我們家茶的人，通常都明白我們種茶的心意。」

只要去杵塚先生的茶園一趟，看過他工作的樣子，肯定會相信這些人生產的茶葉，放心喝茶。打動人心的事物，就會長存人心。

Case ③ Everlane

完全公開成本明細與工廠資訊

要讓顧客看見生產過程，不一定只能邀請顧客來工廠參觀體驗，有家成衣工廠的方法，就是完全公開生產成本明細，因此獲得粉絲支持。

美國舊金山有家成衣零售商「Everlane」，成立於二〇一〇年，主打「徹底透明（Radical Transparency）」而且直接面對消費者（D2C，Direct to Consumer）（※3）。這家公司公開所有成衣的成本，從材料費到縫紉費、關稅、運輸費都不例外，從公司官網就能看到一件衣服的售價有多少是成本，有多少是利潤。

最厲害的地方，就是網站同時標出同樣一件商品「在其他傳統品牌要賣多少錢」，這招在成衣業界丟下震撼彈，甚至是核彈，讓該公司成為成衣服飾界的「品牌破壞手（Brand Disruptor，意指找到新出路，破壞傳統市場的公司）」。

這家公司以網路販售為主，壓縮中間成本來降低價格，以更便宜的價格來提供優質服飾。它就像下一章要介紹的Factelier，店面只是展示間，完全沒有庫存。當顧客在店面購物，就會當場辦好網購手續，之後會將商品送至住家。

服飾業界有個規矩，衣服最值錢的時候，就是當季新裝上市的時候。其實就算過季，衣服也不會突然就爛掉壞掉，但只要沒賣完，服飾就會被拿去特賣，而且愈來愈便宜。奢侈品名牌不喜歡降價，認為降價有損形象，所以賣不完的全都銷毀。名牌Burberry之前就是每季都將沒賣完的商品燒毀，遭到批判才停止這個作法，這條新聞我記憶猶新。（※4）

Everlane與成衣界的規矩刻意拉開距離，完全不管季節，每件服飾都是小批生產，不受潮流影響，而且高品質，可以穿上十年。公司追求零庫存，所有產品都要盡量賣光。

這樣的銷售模式受到支持，尤其是那些不跟風，靠自己的價值觀與商品品質來挑選服飾的消費者特別喜歡。

有趣的是，Everlane不僅標示每件服飾的價格，還標示服飾在哪間工廠生產，生產過程如何，甚至員工有多少人。

Everlane創辦人麥克・培斯曼（Michael Preysman）先生，因為不明白自己身上穿的衣服從何而來，才有了創業的念頭。他曾經在訪談中提到，他認為價格與製造過程的透明化並不是一時的風潮，而是普遍的價值觀。

二〇一五年，Everlane的會員人數已經超過一百萬（※5）；二〇一三年的營業額是一千兩百萬美元，二〇一四年更有三千六百萬美元（※6）。二〇一九年二月，成立了日文版的電商網站。

即使Everlane獲得這麼廣大的支持，大多企業還是不敢公開製造內幕與成本細節。

買家要的不是便宜，而是公平

成衣業界的生產過程，外界實在是霧裡看花。就算聽說我們身上的衣物，是由國外血汗工廠壓榨勞工生產而來，感覺也是天涯海角的事情，在五光十色的時尚圈面前只能失焦。

世界正出現公平貿易（Fair Trade ※7）與道德消費（Ethical ※8）的潮流，但是這股潮流仍遠不及主流服飾的交易量。於是Everlane公開生產過程，對消費者心理的影響超乎想像的大。

最近很多人透過ＩＧ或臉書這些社群網站的資訊來買衣服，或許除了外觀與價格之外，能夠看到衣物製造的背景，也就能夠改變買衣服的標準了。

不對，當日本線上服飾訂製服務「nutte」獲得電視台採訪的時候，我就覺得人們買衣服的標準正在改變。

「nutte」是一門線上服務，民眾可以委託成衣工廠或專業工匠訂製服飾。工匠可以在網站上決定是否接案，而且服務的規模正在成長。我認為社會發生變化，是因為電視節目不斷聚焦這個服務「可以便宜做衣服」，結果社群網站紛紛抗議說「這樣會壓低製作者的價值」「全訂製三萬日圓太便宜了」「這個服務的價值不是便宜」「要多尊重工匠」。想不到民眾對製作者的觀感有了這麼大的改變，我好驚訝。

美國重視透明度與社交性，所以愈來愈多品牌主打網路販售，降低中間成本。眼鏡品牌Warby Parker就搭上這股潮流，二〇一二年成立的HONEST BY.也打破了傳統的黑盒子，用透明手法賣服飾。

日本也開始慢慢出現這樣的潮流，像是高級訂製服 FABRIC TOKYO，以及追求延長服飾壽命的 10YC，最近還有 All YOURS，這些品牌都擺脫了傳統的服飾業規矩，追求「真正好穿的衣服」，透過集資或網購來提升知名度。我想這些製作者，要不了多久就會開始威脅現有的品牌與廠商了。

專欄

適當量的提示在於「看得見的規模」

有時候眼睛看得見，才會一眼明白資源的有限。

當我們用「地球」、「大自然」這些詞彙去討論環保問題，就會覺得規模太大，跟自己八竿子打不上邊，但是當你「看得見」，感覺就很真實。《國家地理雜誌》曾經有張照片，照片裡的鯨魚屍體被剖開，裡面滿滿是塑膠袋，一時掀起熱議（※9）。地面上一大片的塑膠袋，震驚了許多民眾，讓消息迅速擴散開來。這張照片曝光不久之後，星巴克等各大速食業就正式停用了塑膠吸管。

看得見，效果就很大。對這句話有更深的感觸，是環保記者兼ＥＳ股份有限公司負責人枝廣淳子女士對我說的一段話。

我們談到櫻花蝦。全日本只有靜岡縣駿河灣可以捕到櫻花蝦，重點就是「只有這裡捕得到」。櫻花蝦生意每年有四十億日圓以上的營業額，是這個地區的重要財源。以前這地區有三個漁會，從年頭捕到年尾，互相爭搶漁獲量，結果櫻花蝦數量在一九六四到一九六五年間驟減。漁夫們擔心這樣下去沒蝦可捕，經過討論之後，限制每年只能在三到六月上旬捕一趟春蝦，以及十到十二月下旬捕一趟秋蝦。而且，漁會還改用了所謂的「共量（pool）制」。

所謂共量制，就是限制所有人捕撈的總量，無論漁船捕多捕少，營業額都是平分。一九六六年，由比港漁協首先試用這個制度。一九六八年，日本發生漁獲量過多，價格暴跌，將五十噸櫻花蝦扔進海裡的事件，恰巧證明了共量制可以保持價格穩定。一九七七年，其他兩個漁會也都加入了共量制。

具體來說該如何控制漁獲量呢？首先，漁夫會在夏天用試管調查產卵狀態。只要用試管取水，計算蝦卵數量，就能推測當年會生出多少蝦。每年捕蝦，只捕比去年多出來的量，絕對不去碰底量，所以隔年還是有蝦可捕。每次捕撈，所有漁船要當場報告自己捕了多少蝦，由總部結算，只要達到當天上限就收工回家。

當地漁夫說，如果沒有改成這個制度，現在早就沒蝦可捕了。當競爭變得激烈，漁夫們就會搶著捕不必要的蝦，加速資源枯竭。

枝廣女士出了一本小冊《「穩態經濟」是可行的！》，內容是她採訪前世界銀行首席經濟學家，赫曼．達里（※10）。這裡說的穩態經濟，就是將經濟活動規模，克制在地球可供應的資源範圍內。如果經濟成長造成更大的環境負擔，通常都會損害經濟。因此赫曼主張，人類之前並沒有考慮過環境成本，也就是損害環境所造成的花費。

枝廣女士說這個穩態經濟理論是正確的，但要執行就難如登天。以剛才的櫻花蝦例子來說，發生地點在駿河灣，是大家看得見的範圍，而且只有駿河灣能捕得到，所以大家都看得見「數量極限」。但是太平洋跟大西洋就太大，容易讓人以為漁獲無限，還是會有濫捕的問題。

在探討適當量的時候，「看得見的規模」就是一大關鍵。

註釋

※1《日經商業》二〇一七年七月三十一日一九〇二號

※2「生態足跡」（Ecological Footprints）是表示地球環境容量的一個指標，數字則代表人類目前的生活需要消耗幾個地球。根據二〇一三年統計，全世界的生態足跡相當於一・七個地球。

※3 D2C就是製造商直接與消費者交易的商業形態。

※4 英國奢侈品名牌Burberry為了維護品牌價值，在二〇一七年銷毀了相當於四十一億八千萬日圓的滯銷商品，包括衣服、飾品、香水等等。二〇一八年九月，公司宣布停止銷毀滯銷商品。BBC新聞二〇一八年九月六日"Burberry stops burning unsold goods and using real fur"

※5《日經商業》二〇一六年十月三日一八六〇號

※6《TO NINE BLOG》（由TO NINE有限公司經營）

※7 公平貿易，就是用適當價格、公平條件來購買發展中國家所生產的農作物與產品，幫助生產者獨立，提升生活品質。

※8 所謂道德消費，就是挑選對地球環境與人類社會有幫助的產品來消費。

※9 二〇一八年五月，泰國南部海岸有鯨魚擱淺死亡，解剖之後發現鯨魚胃部有八十個塑膠袋，這些塑膠垃圾總重將近八公斤。

※10《「穩態經濟」是可行的！》赫曼・達里（Herman Daly），枝廣淳子著（岩波booklet）

第五章　做的人來賣

量產時代物流系統所帶來的弊病

上一章提到現在買家看不見物品製作的過程。同樣地，隨著分工精細化，製作者也看不見顧客了。

通常生產者生產的物品，要經過批發商、零售商，才能抵達顧客手上。日本有很多中小規模的製造業與零售業，所以物流、銷售的網路相當發達，還成立了國外沒有的獨特系統（※1）。

在量產時代，每家企業都強化自己的專長、分工合作，或許效率會比較好。但是曾幾何時，這個製作者到買家之間擠滿了中間商的系統，卻產生了弊病。

比方說小批製造的貨品，在目前的物流系統中就很難生存。中間商會抽手續費，所以生產製造商的利潤就減少。製作者與買家被隔開，製作者看不見顧客的需求。賣家與物流有權決定價格，許多製作者被壓榨，也就很難感受工作的喜悅了。

原本希望想要的人可以拿到想要的量，但現狀與適當量的理想相去甚遠。

於是要跳過中間商，直接銷售產品的製作者逐漸增加。

尤其是農業，近幾年來愈來愈多農戶自產自銷，跳過ＪＡ與批發市場。稻米在二〇〇五年的農戶自銷比例為百分之二十四．九，二〇一六年達到百分之二十七．六；蔬菜則是從二〇〇三年的百分之三十．八，達到二〇一五年的百分之四十二．五（※2）。

農戶們原本專精製造，但有些農戶自己去參加市集擺攤，如早市、黃昏市場等等，直接賣給顧客，工作也變得更開心了。有位種米的老農戶從幾年前起開始自產自銷，他對我這麼說：

「當面聽客人說我家的米真好吃，感覺就是帶勁啦。就算交給ＪＡ去賣，也是跟別人的米混在一起，誰知道哪顆米是誰種的啊？」

脫離批發市場，價格也能自己決定。平成三十年，日本全國的稻米交易價格，平均是五公斤一千三百一十日圓（※3）。而這位老農戶在當地購物網站賣米，五公斤價格三千九百八十日圓（含稅），批發則是三千日圓左右，都高出平均值。

從生產到銷售都由自家經手，消除浪費

製作物品有個流程，原料、製造、批發、零售，用河川來比喻就是上游、中游、下游。以成衣業界舉例，生產布料與絲線就是「上游」，規畫並銷售商品的工廠與公司就是「中游」，將產品賣給顧客的百貨公司和零售商就是「下游」。

《是誰殺了成衣業》（※4）一書中，認為成衣業衰敗的理由就是分工分得太細，在上游做事的企業無法掌握下游的零售業現狀，也就是所謂的「隔閡」。

如果從頭到尾都是你的責任，你就不會隨便浪費好東西。但是當你只負責從這裡到那裡這個小範圍，你就不會去考慮前面或後面了。

成衣業界就是量產制度弊病最明顯的一個產業。二〇一八年九月，小島時尚行銷公司公布了「成衣業之外衣供需平衡，與中古衣物之出口總量演變」，其中可見服飾供應量遠超過需求量。二〇一八年的供應量達到二十九億件，但消費量只有十三・五二億件，還不到供應量的一半。剩下的服飾都到哪裡去了呢？就是由廠商清庫存，在各地零

售商或網站上便宜賣了。

日本成衣品牌 Minä Perhonen 的皆川明先生表示：「我負責製作商品，也負責賣出去。只要自家公司從上游到下游一把抓，就能實現更合理的製作。」

Minä Perhonen 與製造的工廠祕密合作，從布料開始製作，一路做出成衣，再由自家銷售。該公司不會短時間內生產大量商品，一件衣服就要賣好幾年，而且幾乎不會降價拍賣。接著，不管什麼價格帶的商品，賺取的利潤都不是「比例」，而是「定額」。一般的服飾只要成本高，利潤也會跟著高，但如果高成本的服飾還是賺取相同利潤，那麼高品質的服飾就不會用那麼高的價格銷售。只有自家賣自家的服飾，才能用這樣特別的賣法。

只要賣家看見買家，就比較容易思考，顧客會喜歡什麼樣的東西。當製作者具備了賣家的觀點，或許就能在數量與質量上，達成剛好才是最好的製作。

Case ① Factelier

由工廠決定價格與產量

「做的人來賣」說得簡單，其實成衣工廠一直都只專注於接單做事，要變成賣家設計原創商品，可沒那麼容易。

但目前的成衣業界，還是有罕見的成衣廠認為賣家主導的銷售方式很重要，所以決定主動宣傳其重要性，幫助同業賣衣服。這就是直通工廠型的品牌「Factelier」。

一般服飾品牌會自己設計產品，決定款式與版型，然後請成衣廠來製作。但是Factelier把成衣的「主角」設定為工廠，由工廠來決定價格以及產量。這麼一來，顧客就能感受到工廠的心意與堅持，因此Factelier的態度就是幫工廠賣衣服。

目前Factelier在日本全國共有五十五間合作工廠，產品包括上衣、西裝、毛線衣、裙子、包、鞋等等。由具備專業技術的工廠打造出獨創的產品，再交由Factelier銷售。

Factelier銷售的所有產品都會加上工廠名稱，例如「Factelier by KAWASHIMA」。公司負責人山田敏夫說：

「我們不是把Factelier做成一個服飾品牌，而是幫忙工廠建立自己的品牌，Factelier只是一個銷售方式。我們透過電商平台、社群網站、工廠參觀行程等方式來幫忙製作者賣東西。」

Factelier的銷售方式也很創新，就像前面提過的Everlane，只能從網站上訂購。銀座、名古屋、熊本、台灣等地都有試穿的門市，但就算在門市挑到喜歡的東西，也只能透過門市的iPad訂購。門市中完全沒有庫存，所以不能直接買回家。少了中間商，降低售價，工廠實際拿到的份就大了。由工廠決定製造成本，Factelier再加上自己的利潤，訂出零售價。

成本是國外的二十倍，依舊能找到適當價值

山田先生來自熊本縣熊本市，老家是西服店，就是因為他目睹服飾業的嚴重狀況，

才會想成立Factelier。

各位可知道日本國內的服飾生產率？二〇一七年只有區區的百分之二．四（※5）。日本政府說糧食自給率長期低迷，但也還有百分之三十七（平成三十年度攝取熱量統計），服飾自產率真是低得可憐。一九九〇年，服飾自產率還有百分之五十，短短三十年就驟減至此。千禧年起爆發了快速時尚潮流，服飾生產工作就迅速流向國外。

二〇一八年十月，東京的最低薪資是時薪九百八十五日圓，但中國薪資最高的北京，時薪也只有三百九十九日圓，還不到東京的一半。孟加拉又更慘，最低的「月薪」為一萬四千日圓（※6），人力成本只有日本的十七分之一。

山田先生說：「關鍵就是怎麼替十七倍的成本創造價值。如果把製造看成單純的勞動，就沒有人會替這項勞動付十七倍的價錢。如果Factelier的襯衫要賣六千日圓，就得有超過六千日圓的價值，否則沒人會買。」

日本國內的成衣工廠經歷慘烈的殺價競爭，幾乎都被迫承接廉價的工作，做愈多虧愈慘。

山田先生為了尋找合作夥伴，近幾年內跑遍全國六百多間工廠，幾乎所有工廠都還沒裝設免治馬桶座。

「這是因為幾十年來都在虧損，根本沒錢投資設備，如果希望工廠投資設備，那就先替他們拉高人事費吧。而年輕人會去選擇時薪一千日圓，有免治馬桶座的超商工作，誰要選個時薪七百七十日圓，又沒有免治馬桶座的工廠？」

山田先生希望把工廠工作變得迷人，如果要讓日本的品牌屹立在世界上，就得把「製作＝勞動」轉換為「製作＝價值」。要運用創意，即使國產衣服比外國更貴，顧客也願意買。

「當工廠的人站在賣家的立場，就會去思考自己具備什麼樣的價值，顧客看到什麼才會開心。

製作者的心意，其實就是對使用者的體貼。希望別人好好珍惜，長久使用。只要在這方面發揮創意，工作應該會變得很開心。我希望把做衣服這項工作，變成年輕人喜歡的工作。而我想這不是我們的任務，是取決於工廠的人們。」

措。

從各方面支援工廠獨立

話說回來，原本只會接案的工廠，突然聽說要自己成立品牌賣衣服，肯定是手足無措。

實際上山田先生剛開始尋找工廠合作的時候，就吃了不少閉門羹。工廠每年的案子愈接愈少，聽了山田先生的提議，想必會認為「哪有這種閒工夫」。

第一個合作的工廠，是熊本縣人吉市的襯衫製造廠「HITOYOSHI」，工廠老闆吉國武先生本來就希望「提升工廠的地位」，兩人一拍即合。然後Factelier的合作夥伴愈來愈多，現在已經有工廠主動提議合作，諮詢時程已經排到好幾個月之後了。

一般的服飾製作流程，是由服飾品牌對工廠提出規格單亦即服飾的設計單，要使用什麼布料、絲線、鈕扣等等，工廠就按照規格單做好衣服。但是工廠自己要做原創的衣服，代表挑布料、設計款式、打版全都得自己來。工廠在企畫上幾乎是大外行，所以工廠與Factelier要磋商個四五次，總算才做出新產品。

Factelier的行銷負責人岩佐彰則先生，說明了這樣的一套流程：

「這個例子或許有點怪，比方說切片鮭魚吧，成衣工廠就像是個專門收整隻鮭魚，然後切成肉片的地方。他們可能是切鮭魚的第一把交椅，但是鮭魚跟誰買？切好的肉片怎麼煮？工廠完全沒想過，而現在就要他們全都扛起來做。」

聽他這麼說，感覺更不實際了。

「不過他們都是做衣服的專家，只要想做某件衣服，就先拿個樣本拆開來好好研究。畢竟是他們親手去做，我們不會提議說這裡要怎麼做比較好。我們只會說目前Factelier缺乏怎樣的商品，希望工廠提供建議。

而我們會提供完整的市場資訊。比方說目前東京丸之內哪些衣服最暢銷，去服飾賣場拍照做成報告等等。」

當工廠沒有設計師與打版師的聯絡網路，Factelier也會居中仲介。

工廠有技術，才能發揮高品質

當具備技術的工匠參與商品研發，做出來的商品就能發揮工廠強項，強化自己有專長的領域。Factelier選的合作夥伴，都是技術高超的工廠。

近幾年來不斷出現D2C的服飾品牌，聽說很多都是價格低品質也低。我沒有全部試穿過，但是就我所見，Factelier的服飾品質高得嚇人。

比方說「Factelier by MARUWA KNIT」所做的外套，我一穿上就有點感動。我這人不習慣穿外套，通常穿了就會覺得悶，但是這件外套穿了就像訂做一樣合身，而且又輕又柔、活動自如，簡直就像襯衫一樣輕巧。這件外套沒有內襯，可以水洗，但是看起來有模有樣，一點都不廉價。售價三萬日圓左右，我的感想是：「品質怎麼會高成這樣？」

看了網站的產品製程介紹，我就懂了。原來和歌山丸和Knit工廠以獨特紡織機織出特殊布料，兼具針織的伸縮性與紡織的韌性，做出來的外套才這麼好。

不只這件外套，丸和Knit製作襯衫、罩衫的技術也是日本頂尖，難怪東西會這麼優質。

Facteliar不做怪異款式或跟風設計，一樣商品推出就是賣到售完為止，若是商品過季就先下架，等下次換季再上架。

而且Facteliar與工廠合作研發商品之後，會鼓勵工廠用其他通路去銷售。

「如果太過依賴單一公司，當我們公司倒了，工廠也會跟著倒。我們幫忙賣衣服，只是在幫工廠助跑，我們認為要讓工廠自己扛庫存的風險去賣衣服，才能徹底改變工廠的心態。」

山田先生不斷強調：「重點是讓工廠自己跑起來。」

一個人負責所有工程，工作品質就會變

工廠方面又是怎麼看待與Facteliar的合作呢？熊本縣球磨郡朝霧町有家專門做女裙的成衣廠「DEAI」與Facteliar合作，我問了老闆出樋敏宏先生的看法。

「當初他們找上門的時候，我確實是很猶豫，但是我也希望能靠自己的工廠推出商品，只是不知道該從哪裡下手。

我們花了半年多才推出第一件商品，是先買了一大堆雜誌，大家午休的時候到處貼書籤，研究想做什麼東西呢。」

挑布料、設計款式、做樣品。每走一步就問Factelier的意見，終於完成女裙一號。然後工廠就努力設計新商品，目前上市的已經有十七款了。

「好東西果然沒那麼簡單就做得出來啦，更別提會熱賣的東西了，就算我們自己覺得好，也不知道顧客會怎麼評價啊。我們會擔心，但是做起來真的值，就是覺得很痛快。

我們加入這個架構之後啊，員工的熱情真是今非昔比了。我們這裡很多年輕人，大家肯定都想賣自己做的東西，我想最大的差別就在這裡啦。」

另外在服飾製作上還有一個很大的變化，Factelier打算讓一個人從頭到尾包辦一件衣服，栽培出獨當一面的工匠。

通常工廠都是分工制，一個人不斷做相同的工作，許多人分工就能減少每件產品所花的時間，生產效率也就更高。所以傳統上數量愈多的案子就愈賺錢，數量愈少就愈虧本。

「我們刻意讓一個人負責縫紉、燙平、檢驗每件衣服，有時候還要包辦打版跟剪裁。或許產能會暫時降低，但是每個人的工夫都突飛猛進。以長遠眼光來看，創造的成果會比短時間內的產能更有價值。」

整天只會縫拉鍊、縫鈕扣的分工制度，會淪為單純的「勞動」；一旦有人叫你從頭到尾完成整件衣服，做起來就有動力。單純的勞動，就會產生變化。

將生產現場推上前線，對顧客宣傳

五十五間工廠所製作的服飾，Factelier是怎麼銷售的呢？其實Factelier搭了很多座橋梁，連結製作者與顧客。首先是網站，網站上每件商品都有標記生產工廠，而且有詳細介紹。傳統的成衣業界，嚴禁透漏是哪家工廠在生產，原因之一是怕技術外流，之二是成衣業給人光鮮亮麗的感覺，生產現場的工作環境不一定會帶來正面形象。

另一種橋梁，就是經常舉辦「工廠參觀行程」與製作講座，讓工廠的人可以與顧客直接交流。Factelier會帶著顧客一起前往新潟、山梨、大阪、名古屋等各地的工廠，詢問工廠擅長的技術與工作內容，等於是社會人士的校外教學。

我參加了在東京舉辦的參觀行程，成員包括喜歡做衣服的業餘玩家，希望做服飾工作的人，以及各種對服飾有興趣的人。行程大約兩小時，可以看見工廠的工作環境、專長領域，衣服是怎麼被縫合起來，都是平常看不見的光景。行程結束之後，社群網站上幾乎都是參加成員的留言，工廠也就多了不少粉絲。

山田先生在他的著作《有故事的製作》中寫道：「顧客不是神，而是跟我們有共同目標的『夥伴』。」Factelier也確實有很多老主顧。

我問山田先生，為什麼能奉獻這麼多，就為了保存日本的成衣技術？

「因為我認為值得。只要發揮創意，就能做出高級又迷人的東西。我希望能跟理解這份價值的顧客、工廠與夥伴們，不斷做下去。」

專欄

嘗試推廣「中量生產」

如果一批貨沒有相當的數量，就很難打進既有的物流路線。所以有些人正在嘗試推廣中小規模的製作，透過零售的採買員與公關，建立與使用者連結的橋梁。二〇二二年舉辦的「手手手展覽會」（以下簡稱手手手），以「中量生產」來表示手工業的製作量，目的是連結「製作者、宣傳者、使用者」（作り手、伝え手、使い手）。

這裡說的中量生產，不是講究效率與合理性的工業生產亦即大量生產，但也不是追求稀有與特色的工藝品或藝術作品，而是位於兩者之間的製作。要重視材料、文化、背景故事，同時又能以一定規模來持續流通生產，每個月的產量在幾百到幾千件之間。

手工業設計師大治將典先生，企畫師永田宙鄉先生，批發商松尾先生，設計經理人吉川友紀子女士，四人有志一同創辦了這個展覽會。

大治先生於二〇一二年第一次實驗性舉辦這場展覽活動，當時他在訪談中說：

「像生活風格展這些傳統展覽啊，只要有廠商來談，一定都是問每批可以生產多少量，專業代工廠可以修改多少顏色或形狀。如果沒辦法符合廠商要求，連進軍市場都沒機會。我所參與的生產，介於工廠大量生產的工業產品，以及工匠所打造的工藝品之間。就這點來看，我的東西很難量產，設計上又同時包含工業與工藝的元素，沒有那麼容易送去專業代工廠。可是我辦的展覽又不像作家的個展，如果走傳統展覽會的形式，總覺得不上不下，哪裡不對勁。剛好永田也跟我有同感，我們就一起辦了這個展。」

大治先生自己參與的產品，通常是活用傳統產業技術所打造的手工製品。比方說他與富山縣高岡市的鑄器廠「二上」合作，成立了「FUTAGAMI」這個品牌。該品牌使用鑄造佛器與佛像用的黃銅，原本黃銅應該要拋光到閃亮亮，師傅卻刻意不拋光，還保留鑄紋用來做托盤、燈架、刀叉等器具，這些厚重的生活用品一樣能融入現代生活，而且廣受大眾歡迎。這些都是手工打造，無法量產好幾萬個，但他們正在實現所謂的中量生產，盡力滿足真正想要的顧客。

二〇一九年「手手手」已經舉辦了第八屆，第一屆大概只有二十個單位參展，現在則發展到有兩百一十六個單位報名，從中挑選出一百個。除了展覽會之外，還開辦讓普通顧客與製作者直接交流的「手手手往來市」。

在「手手手」曝光的商品，沒多久就會登上生活風格雜誌，或者在都內精品店上架。「手手手」讓手工業規模的製作生意廣為人知，居功厥偉。

手手手的嘗試，就是將適當量的製作重新與新買家連結，並且讓製作者具備賣家的觀點。

註釋

※1《日本物流一百年》石原武政，矢作敏行（有斐閣）

※2〈稻米相關資料〉（農林水產省　平成三十年十一月）以及〈批發市場情勢〉（農林水產省　平成三十年七月）

※3〈稻米交易相關報告〉（農林水產省　令和元年七月）

※4《是誰殺了成衣業》杉原淳一，染原睦美（日經ＢＰ）引用第二三六頁。

※5〈國內成衣市場之衣物進口滲透率〉二〇一七年達到百分之九十七．六。（摘自日本纖維進口工會）

※6　日本貿易振興機構（JETRO）調查。

參考文獻

《Minä Perhonen?》Minä Perhonen（ＢＮＮ新社）

《品牌就是NIPPON》川島蓉子（文藝春秋）

《現代日本的物流系統》三村優美子（有斐閣）

《有故事的製作》山田敏夫（日經ＢＰ）

第六章　打造社群經濟圈

在悠哉社群中進行的經濟活動

某次我採訪農戶，聽到這樣一段話：

「其實我在想，每個人能種出來的蔬菜量有限，頂多只能養一百戶的人。既然如此，我希望盡量把菜送給最喜歡的人。如果有一百個客人輪流到我田裡玩，邊收菜邊做菜，不是很開心嗎？」

說這話的人是西洋菜農戶「kiredo」的栗田貴士先生，他在千葉縣四街道市有塊田。無論農業或製作，單人勞動的生產量必定有限，不必勉強擴張規模，只要過得去就好。或許有些人認為「才一百個客人？」但正因為喜歡就會珍惜這一百個人，也不會勉強生產。

自己效勞的對象不是公司，也不是看不到表情的「社會」，只要是一百個朋友就好了。

我也在其他場合有過相同的感觸。我認識一位鞋匠，他某天要去參加展覽，這場展覽每隔幾年才辦一次，整個會期大概有一百人參觀。參觀者與其說是顧客，不如說是他認識的朋友，比方說其他製作者、經營咖啡廳或小商店的人、跟他在工藝節認識的朋友，這些人會跟他買皮鞋或皮夾等皮件，而且價格絕對不便宜。當這些參觀的客人自己辦了其他活動，這位鞋匠就會去光顧。製作者、賣家、買家之間沒有明確的界線，一群有共同價值觀的人形成一個悠哉的社群，在其中進行物品與服務的交易。

小規模的展覽或工藝節，就是方便這些製作者、同伴、朋友們交流的場合。

不以「賺錢」或「得利」為目的

有些人以這種方式享受世界，但正常來說都會希望營業額更高，也會覺得就算客人是不確定的多數人，還是多多益善。

做生意一定要追求成長，這個觀念是哪來的？許多職場都有營業額目標，年度結算報告也都希望數字愈高愈好。

那是因為公司以追求「賺錢」為目的，如果股東們也開始追求不同的利益，要從根本改變工作的價值標準，也不是天方夜譚吧。

我之所以有這個念頭，是因為東京西國分寺有家咖啡廳「Kurumed Coffee」，老闆影山知明先生對我說了一段話。當時我採訪影山先生，問他是怎麼個經營法，結果他講了段非常耐人尋味的話。

Kurumed Coffee做生意的對象，不是看不到表情的不特定多數人，也不是彼此熟識的特定少數人，而是具備相同價值觀的「特定多數人」。由咖啡廳提出一個價值觀，希望有同感的客人上門來。

影山先生不怕大聲說，他做生意的目標不是營業額，而是讓顧客開心，營業額只是測量工作效果的溫度計。如果去擬定事業計畫，就會把顧客當成實現計畫用的棋子，所以他沒有計畫，人事評估也跟營業額無關。但是他經營了十年，已經招待過三十萬個客人，每年營業額平均成長一成，是相當受歡迎的咖啡廳。

二〇一六年，影山先生為了開二號店，設計一個完全沒有利益可圖的集資制度來召募股東。成為股東沒有咖啡券，甚至沒有折價券可拿，卻還是有三百三十三人集資了一千六百五十萬日圓。當影山先生第一次對投資者舉辦經營報告會的時候，與會人大多是附近鄰居，他就知道「很多街坊鄰居都很支持這裡開一家胡桃堂咖啡廳二號店」。聽起來或許有些荒謬，但影山先生說：「人並沒有貪婪到把獲利當成獎勵啊。」

但話說回來，不以營業額為目標，不代表工作就輕鬆了。

「我嘔心瀝血要做出好東西，認為競爭是人生的高尚元素。所以慢活、降檔這種概念跟我相反，不太符合我的理念。意思是呢，我死命做事就為了讓人開心，但只為了錢拚命就不太對了。」

製作者也會挑客人

仔細想想，本書提到的玩家們，或許可以說是在挑客人，也可以說是在找意氣相投的同伴。每個人都有珍惜的事物與使命感，與傳統的生產物流系統搭不上線。但是他們想推廣的世界清楚明白，而有同感的顧客就會跟過來。一般來說這就是社群，或者粉絲。

有同感的一群人互為同伴，在其中形成經濟的循環。結果就是少量製作也能成立，而這些少數人所發起的規模也有擴大的可能。

沒有無謂的量產，貼近製作適當量的社會。

這不只是所謂的小型商務概念，就像佐藤尚之先生在《粉絲團》裡面寫的，即使是大廠牌，一樣靠兩到三成的核心粉絲來提供八到九成的營業額。

如果創作者能夠建立社群，即使規模不大，一樣能成立一個經濟圈。甚至就是因為規模小，才更容易建立社群。

我想一個有無數小社群的社會，應該比不是這樣的社會更有趣吧。

Case ① kiredo

不像農戶的農戶

當我去拜訪kiredo在千葉縣四街道市的農田，栗田貴士先生劈頭就給我綠油油的辣椒說：「請你吃吃看這個。」咦，這不會很辣嗎……我小心翼翼咬了一口，結果完全不辣。

「這個叫做甜椒，吃起來甜甜的對吧？連籽都可以吃喔。再來是這個，你咬一口看看。」茄子，要生吃喔？我咬一口，真多汁。「這是水茄的老祖宗，可以生吃的泉州水茄。這邊的長茄會吸收水分，所以最適合做菜，比方說麻婆茄之類的。」

第一次見到栗田先生的人，要是知道他是個農戶都會大吃一驚吧。首先他的打扮一點都不像農戶，即使在田裡還是穿戴五彩繽紛的帽子和上衣，搭配鬆垮垮的褲子，卻十分熟知蔬果。

栗田先生專門栽種西洋蔬菜，從常見品種到見都沒見過的將近有一百五十種。他的蔬果賣給一般民眾與餐廳，只要去田裡找他，他就會說一口蔬果經。

不僅果實，連根、籽、花，他都一清二楚。「吃吃看這個」、「咬一口看看」，白蘿蔔從裡到外都是蘿蔔泥的滋味，水分少所以適合做冷盤；芝麻菜不是只有葉子可以吃，連花都有芝麻菜的味道，所以灑在通心粉上很漂亮；紫蘿蔔適合配橄欖油、蒜頭料理之類的。感覺眼前是前所未見的美食世界，令人興奮。

請一般人買好吃蔬菜

栗田先生原本是在金澤當程式設計師，在轉行務農之前就是個「大老饕」。他逛過好多餐館，突然碰到了一樣蔬菜，是石川縣白山市西洋蔬菜農戶中野禧代美女士種的菜，中野女士當時六十多歲了。

「中野女士在金澤餐飲業之中可是無人不知，無人不曉的。她種的菜實在好吃，吃她種的白蘿蔔會以為在吃梨子。但是她從來不自己送菜，只有親自去拿菜的人才買得到，所以總是有餐廳大廚在她那邊進進出出的。」

後來栗田先生就常常去找中野女士，並利用上班前的時間認真搞起家庭菜園。兩年後，下定決心要成為專業農戶。為了務農，返鄉回去老家千葉縣，拜了第二位師父淺野悅南先生。

「淺野先生也專門種西洋蔬菜，供應給都內的知名餐廳。其實淺野先生和中野女士的蔬菜都是賣給餐廳，一般人買不到的。我對這點不滿，這些連生吃都好吃的蔬菜，代表隨便烹調都會好吃，這應該是給民眾吃的吧？我一直抱怨這些那麼好吃的菜為什麼不公開賣？結果某天淺野先生在田裡畫了一條線，跟我說這條線過去的地，就隨便你怎麼玩吧。」

這就是kiredo的起點。栗田先生還在學工夫的時候，就開始參加市集與活動，也開始賣起蔬菜。

真正的起跑點，是他自己辦的收成節。有位朋友參加了他的收成節，推薦他去京橋的市集擺攤，讓他深切感受到「煮給人吃」的重要性。Kiredo種的都是稀奇古怪的蔬菜，通常要自己烹調給客人試吃，客人覺得好吃才會買。

栗田先生參加當地舉辦的「一日大廚」活動（※1），每個月向義大利餐廳提供一批自己種的蔬菜。後來當地的工藝活動「庭之和千葉藝術工藝節」主辦人找上了栗田先生。這個工藝節有很多其他地區的市場相關人士來訪，人脈就愈來愈廣。

栗田先生從來沒跑過任何業務。

「我去到哪裡，就會碰到喜歡用好東西、吃好東西的人，就愈來愈多跟我有同感的客人。」

他太太惠子女士也提供創意，催生出滿是蔬菜的口袋餅，成為招牌商品。

栗田先生在離農田十分鐘車程的地方，開了一間名叫「kiredo 蔬菜工作室」的廚房，想要提供大家西洋蔬菜的烹飪法。這家小店，由惠子女士一人經營。

蔬菜有八、九成賣給個人，剩下的才賣給餐廳。

與其大量栽種，不如逼出蔬菜原本的美味

一般農戶在同樣面積的農地上，種菜種類比栗田先生少，但是數量多很多。比方說

一整片的胡蘿蔔、一整片的馬鈴薯等等。這種栽種方法確實比較好管理，產能也高。以胡蘿蔔來說，kiredo的產量大約五萬支，但是專業胡蘿蔔農戶可以產到五十萬支，比例是十比一。

「如果全日本的農戶都跟我這樣種，或許沒辦法供應目前社會需要的糧食吧。但是我追求的是蔬菜的美味，我希望能發揮蔬菜的個性，種出它們真正的美好滋味。種子有自己的脾氣，有些長得快，有些愛賴床。追求效率的農業不允許這種差異，所以會強制施肥要大家吃飽飽，肥料多了就不健康，就得灑農藥。農藥拯救了糧食供應，我不會說農藥不好。但是我希望大家能知道這個作物真正的美味，知道這個作物其實可以這麼好吃。我覺得，有這樣的種菜人也不錯。」

於是栗田先生認為，客人只要有一百戶就夠了。他只為了一百戶人，為了自己最喜歡的人們種菜。

日本的糧食自給率已經低於百分之四十，提升糧食產量或許很重要，但另一方面，即使破壞自然來增加產量，總消耗糧食裡面還是有三成，大約兩千七百五十九萬噸遭到丟棄，而且其中有六百四十三萬噸是還可以吃的「食物耗損」（※2）。聽到這數字，就希望人們能更注重「吃」這件事。

把街坊鄰居找來田裡，拉近消費者與生產現場的距離

栗田先生正在進行新的挑戰。

「kiredo的客人都是東京人比較多，畢竟這些罕見蔬菜，都是敏感的人會先有反應。但是我沒辦法忘記中野女士家裡門庭若市的光景，除了專業大廚進進出出，附近街坊的阿姨們也聚在家裡喝茶，吃著好東西。我就是嚮往那樣的社群，希望自己的田地，也變成街坊鄰居聚會的場所。比方說全國就只有這個地方的奶奶們莫名熟悉甜菜，我的心願就是打造這樣的世界。」

新田地旁邊搭了一座涼亭，可以用來做菜。

我想如果像kiredo這樣的農戶愈來愈多，飲食世界應該會更寬廣，就不必依賴量產了。只要街坊鄰居到田裡玩，消費者與生產現場就會更靠近。人們只要體認到蔬菜也有生命，應該會養成「用心吃，只吃該吃的量」的心態吧。

我想這樣的交流，比購買超市裡整排死板的蔬菜有趣多了。

Case ② Minimal-Bean to Bar Chocolate-（極小）

結果是實現了公平貿易

我忘不了第一次吃到「極小」的巧克力，心裡是多麼震撼。明明只是用可可豆跟砂糖做成的巧克力，卻有柑橘般的風味。換吃另外一種，則散發出花生般的香氣，跟剛才的酸味完全不同。聽說這麼多元的口味，其實都來自可可豆本身的特性，還有發酵烘焙等製造過程。

從可可豆到巧克力棒，整個過程在同一個工坊完成，稱為Bean to Bar，巧克力迷應該多少聽過這個詞。不同產地的咖啡豆有不同風味，可可豆也是一樣，最近日本愈來愈多Bean to Bar的巧克力店，專注發揮可可豆的特色。

極小在日本國內算是這個潮流的先驅，也是獨立型的巧克力製造商。

負責人山下貴嗣先生這麼說：

「大品牌和大工廠通常都是先買做好的調溫巧克力（couverture chocolate），乳化之後加入柑橘風味、花生風味的香料，也就是所謂的加法巧克力。但是我們先研究可可豆，該怎麼發揮可可豆的特色？這就是減法。我們只用可可豆跟砂糖，卻還是能創造出超多變的口味。」

現在我們去超商，可以輕易買到一百日圓的巧克力片，根本不必了解可可豆原料的產地，就能大快朵頤。

可可豆生產國包括迦納、印尼、玻利維亞等發展中國家，而消費者大多是先進國家。歐洲從十六世紀開始，自原產地中南美洲引進可可豆，需求從此不斷擴大；西歐國家從十九世紀開始，要求非洲殖民地種植可可豆，目前這個趨勢依然沒變。可可豆透過期貨買賣，以千噸萬噸的單位做交易，這種交易重量不重質，所以沒有人關心可可豆的特色。

但是極小的山下先生卻直接前往產地，每年花三到四個月的時間，在原產國到處採購好的可可豆。極小的賣點並不是公平貿易，但是山下先生向可可豆農說：「我要用這個價錢買好豆。」結果成交價都是平時的兩到三倍。

為什麼這樣堅持可可豆的品質呢？

「因為我認為產品是最重要的。我們家的產品，就是巧克力的品質。所以我們對可可豆的品質與製程，講究到有點莫名其妙。畢竟如果沒有好吃到客人會拿來說嘴，就沒必要到我們家來買了。農戶不只是採購的上游，也是一起做好東西的夥伴。好東西我就砸錢買，但是爛東西就算便宜我也不買。」

這一年內，極小就創造了超過三千一百種配方。每天都配合現有的可可豆來改變配方，用香氣、口味等十一個項目來評分巧克力。徹底研究，不顧成本，專心製作。

二〇一七年，世界最棒巧克力競選大賽「國際巧克力大獎」，就是由極小拿下了日本第一個世界大賽項目大獎。

只買一次的一萬個人，不如買一百次的一百個人

正因為極小有這樣講究的產品，所以非常懂得拉攏顧客、製造粉絲。原本社會上不是一百日圓的廉價巧克力，就是GODIVA這樣的名牌巧克力，沒有介於這中間的手工巧

克力市場。手工巧克力一片要價一千兩百至一千五百日圓，算是頗貴。

但是極小從二〇一四年創業以來，短短五年就從富谷總店擴張到銀座、白金、池袋、代代木上原四家分店，他們究竟是如何增加顧客的？

山下先生說：「我們的目標就是，只買一次的一萬個人，不如買一百次的一百個人。」實際上極小自開幕以來，就獲得狂熱粉絲不斷支持。他認為開店的關鍵，在於前一百個人是怎樣的顧客。

之所以選擇實體店面取代網路商店，也是有用意的。最近愈來愈多D2C品牌刪減了店面成本，但是極小直到二〇一八年才成立電商網站。二〇一四年從富谷的實體店面起步，二〇一九年的代代木上原店已經是第五家門市。

「因為我認為店面不是賣場，而是媒體。畢竟我們家的巧克力，光在網路上是體驗不到的。一定要試吃過許多口味，才會恍然大悟，所以我的店面KPI（※3）不在於賣多少數量，而是能讓客人試吃多少種類。」

我無法忘記第一次造訪富谷總店的經過。首先，難得有一家甜點店裡面全都是男客，然後有個長得像藝人齋藤工的小哥，不斷請我試吃各種巧克力。

牆上有幅世界地圖，赤道附近畫了幾個標記，那些是可可豆的原產地。可可豆在不同季節的口味都不一樣，所以很難用單一產地（single origin）來重現某個口味，店裡的招牌巧克力是用不同產地的可可豆混和做成的。聽他這樣解釋，我才總算了解他們「打造新巧克力文化」的意義。

香脆口感的巧克力既好吃又新奇，然後就會想到：「希望給這個人吃吃看，啊，那個人也要。」這種想要分享給別人的感覺，對啊，就是口碑啊。

第一家門市開在富谷，聽說也是為了用心挑選前一百個客人。

「我覺得富谷是個催生新文化的城鎮，離都市交通方便，又有點隱密。如果涉谷、新宿、原宿是文化核心區，富谷就是離涉谷很近，又位在松濤跟代代木上原兩個富人區之間，我想這裡是唯一選擇了。」

提供「購買權」的集資活動

當我聽說極小舉辦集資活動，立刻上網去看，發現集資的報酬相當獨特。原來代代木上原要開一家法式巧克力蛋糕專賣店，只要提供開店資金，就能獲得「購買權」來買該店發售的限量商品。

說仔細點，只要投資一萬日圓，除了送兩塊巧克力蛋糕，還會獲得「特別會員」身分，往後代代木上原店會推出會員獨享的巧克力和點心。

集資公開當天，山下先生幾小時後打開網頁，以為自己看錯。因為短短一小時，就達成目標金額一百萬日圓。開放集資不過十天，金額就超過一千萬日圓，兩個月就獲得一千六百個會員。極小的員工們也都很吃驚，這是他們第一次見證粉絲的人數。他們平常就能感受到店裡都是老主顧，但是在揭開布幕之前，還真不知道有這麼多人在支持他們。

「一個單位一萬日圓，商品單價跟超商巧克力又差很多，老實說我不確定有沒有人會支持。我原本覺得集資是預支了顧客的需求，所以一直沒有碰這個。但是我現在知道，集資是投資一個品牌。做生意難免會考慮短期的利益，要把損益表做得漂亮，但是只看損益表，就會忘記資產負債表了。」

說穿了就是把眼光放遠，做些能吸引顧客的活動，比眼前的營業額更重要。

讓顧客也加入商品研發

極小會定期舉辦工作坊活動，讓顧客製作並品嘗巧克力，最受歡迎的活動就是「極小餐桌」（Minimal's Table），與其他工藝品牌合作，跟顧客一起開發實驗性商品。極小、合作夥伴與顧客，三方交換意見開發配方，也確實有商品因此問世。

山下先生與員工們也很訝異，參與研發的顧客們，在商品上市後就立刻帶朋友到店裡光顧，講解起來比員工還仔細，不僅自己買，朋友也買得很開心，限量商品三兩下就賣光了。

「某位客人還跟我說『山下先生，這個巧克力賣一千三百五十圓會不會太便宜了？費盡工夫才做出這麼細膩的口味，可以賣更貴啊！』」

想必參加者自己絞盡腦汁，成為製作的一方，比單方面聽人家上課更有趣味吧。如果我參加了這個工坊活動，應該也會帶朋友來買我的作品。

就算沒有自己做，跟朋友一起品嘗極小的巧克力，交換各種意見，也是很開心。想必極小的顧客，大多有相同的體驗吧。

只要方法對，就算增加產量也能維持品質

我問了山下先生怎麼吸引到這些死忠粉絲，但是話說回來，如果顧客愈來愈多，會不會很難保持目前的巧克力品質呢？畢竟規模擴張造成品質降低，是常見的問題。

但是山下先生這麼說：

「我覺得開頭的一百人，就算變成一千人、一萬人甚至十萬人，只要生產線跟得上就不會改變品質。我之所以創辦這個事業，就是想做出一項可以從外國人手上賺外匯的產品，我想增加產量來跟上規模是有可能的。」

就算是這樣吧，目前要做出一千人份的巧克力都相當吃力了，真的有可能做到一萬人份、甚至十萬人份，品質還不會降低嗎？

「我還沒到達那個境界，也不清楚，但是感覺有辦法。這取決於我能不能弄到優質材料，還有優質人手。首先，我要繼續花時間尋找好的可可豆，然後判斷哪些工序用機

器，哪些工序用人工，才能把可可豆發揮到淋漓盡致。比方說我用機械烘焙可可豆，但是豆子的狀態跟處理環境，會稍稍影響豆子的風味。機械烘焙可以很精準，一分鐘提高一度，但是烘焙之後就需要人工來調整細微的變化。」

如果完全不用人工，只用機械，就是大量生產；但是也可以用機械來節省人力，將人工投入在必要的重點上。或許有些品質，真的要靠優良的設備來保持。這麼一想，既增加粉絲人數又保持商品品質，或許並不矛盾。

比方說我聽過有家老牌的和菓子鋪，同時用機械與人工來確保紅豆餡的品質，這家店鋪對原料，像是紅豆、水、寒天的來源非常堅持，每道工序的關鍵都由人工把關。用木匙裝填紅豆餡的時候，餡料的密度很重要，所以需要人的感覺來仔細判斷。然後成品做好必須要馬上冷藏，所以要有冷藏設備才能維持品質。

關鍵就是規畫哪個環節要用人工，就算量產也不是胡亂生產，而是跟著顧客規模成長，所以我想重點在於「顧客需求量」及「能夠持續供應的範圍」。

註釋

※1 社群型的經營方式，店裡每天換主廚做菜。

※2 〈食品廢棄物等之產生量 平成二十八年度估算〉（農林水產省）

※3 Key Performance Indicator，意為「關鍵績效指標」，是公司行號評估業績的指標。先設定要測量的數值，就比較容易了解達成目標所需的指標。

參考文獻

《慢慢，快起來》影山知明（大和書房）
《粉絲團》佐藤尚之（筑摩新書）
《WE ARE LONELY, BUT NOT ALONE》佐渡島庸平（幻冬舍）

PART III

改變運送方式

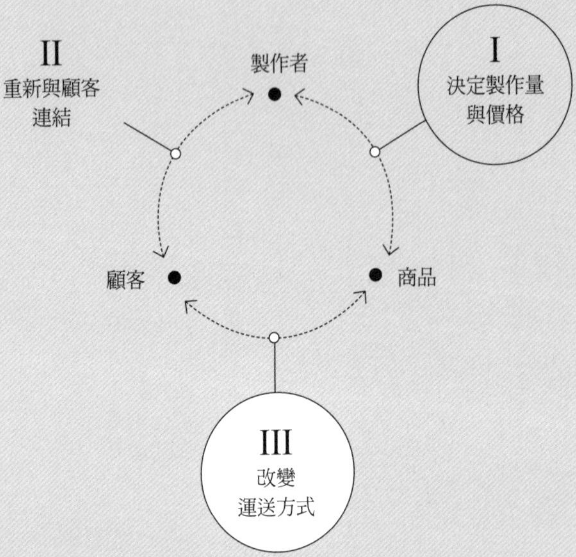

當我們探討適當量，絕對避不開物流與銷售的話題。既有物流的前提，是能夠快速又大量的運送物品，所以小批商品很難打進一般市場。因此開始有人做出趣味的嘗試，希望在「銷售」與「運送」方面做出新架構，讓小批商品也能流通，或者打造迷人的賣場。

在既有物流之外打造自己的運送系統，或者把賣場搬到完全不同的地方，送到熱情的顧客手上。這章就要講講怎麼運送，才能實現適量生產適量消費。

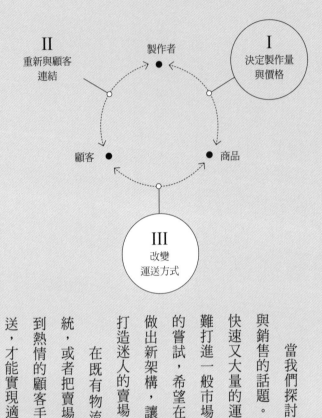

第七章　設計物流

設計一個把東西交到顧客手上的流程

這邊提到的「設計物流」並不是怎麼把東西從A點送到B點，那麼簡單的運輸方法。

比方說有家餐館叫做「離島廚房」，開在島根縣的海士町，由一般的社團法人所經營，全日本所有離島都能加盟。小島可以捕到新鮮又豐富的海鮮，但是送到島外就得耗費高昂的金錢與漫長的時間，所以在本土市場上相當不利。於是有人提出創意，就是「小島手牽手」。如果能吃到海士町以及日本各地小島的海產，民眾想必很有興趣。

目前離島廚房在東京的神樂坂與日本橋都有分店，再加上札幌、福岡與海士町總部總共五家店面。札幌店主要賣北海道離島食材，福岡店主要賣九州離島食材，同時還有「離島廚房」網路溝通全日本各地離島。

日本橋分店也是販賣各分店所有食材的門市，可以批發給東京都內餐飲業，也可以自辦銷售活動，可以說是離島食材的宣傳站。

目前在這個網絡裡面流通的，大多是加工或冷凍品，但是離島廚房認為只要數量增加，建構起自己的物流系統，往後也能運送生鮮。

先有個創意，然後組裝元件，利用網路推出訂閱服務，有很多輸送與提供物品的方法。

在此，我想介紹這個思維的範例。

只有網路才能達成精準配對

如果要說這二十年裡面，購物方式有什麼最大的變化，那就是線上購物的普及。最近愈來愈多賣家沒有實體店面，只透過網路來販售物品或服務。服裝、飾品、玩具、家具，所有領域都可以照自己的喜好來訂製想要的尺寸。還有把「買斷」改為「使用」的訂閱型租借服務也應運而生。

前面提過，適當量可以說是有需要的人需求的量。對製作者來說，想做得不多不少、恰到好處，必須精準配對商品與想要的人，而網路就很適合配對。

必要的時機，必要的量。每個買家都有自己想要的尺寸與外觀，有了網路才能精準配對這麼多項目。小規模的製作者與賣家有了能量，就可以從大型連鎖店的超集中交易系統，回到無數小規模交易的繽紛世界。

一般服飾製造商的服飾，受到物流與庫存的影響，門市只會放普碼（free size），或者某些尺寸的顏色與圖案選擇有限，而買家也只能妥協。我這個人一把年紀還是小朋友體格，穿普碼衣服從來沒有合身過。年輕的時候受設計給吸引買了好多漂亮衣服，結果擔心尺寸不對穿了難看，就沒再穿了……

現在愈來愈多服飾品牌，可以承接買家細膩的訂製。比方說「All For Me」這個女用內衣品牌，就可以自由選擇想要的款式，針對個人體形完全訂製。

All For Me不僅可以選擇半訂製，自己挑選胸罩的罩杯、下胸圍，還可以線上模擬顏色、款式、肩帶造形，打造獨一無二的訂製品。下訂的時候還可以選擇是否要試穿，想試穿可以在自己家裡試穿最多三個尺碼，而且試穿不收費。

唯一的缺點也就是訂製，在下單之後要等不少時間，大概六、七個星期。All For Me常常在南青山舉辦貼身交誼會（Fitting Salon）讓顧客試穿兼下單，紅到場場訂位客滿。

這個模式跟傳統服飾的最大差異，就是不在店裡準備大量庫存等客人上門，而是按照每位顧客的希望來生產，毫無浪費。買家可以挑選最適合自己的商品，用起來毫無壓力，對製造商來說也能減少庫存與物流的成本。

請專家幫忙挑的樂趣

這種線上型訂製服務不斷出現，同時也有很多定額的訂閱型服務。訂閱，就是顧客並不買斷某樣東西，而是以租賃方式，用多少付多少。這樣不會生產過多的量，對使用者來說也能降低費用。最近還有專家幫顧客挑選，更加輕鬆，也更令人期待。聽說愈來愈多人，喜歡網路諮詢功能。

服飾租賃服務「airCloset」（空氣衣櫥），是日本頭一家日常服飾定額租賃服務。airCloset 創辦於二〇一五年，當時我想說網路竟然已經在時尚業這麼普及了，結果才過了三年半，會員就達到二十萬人。這個服務的主要客群，是三十到五十歲之間的上班族女性，同時期出現的同類型服務「儘管借」也很受歡迎。

顧客註冊會員之後，登記自己的身形尺寸與服飾喜好，網站就會寄送上衣、長褲、裙子、連身洋裝等一套三件服飾，每個月可以更換四到五次。這種服務最大的重點，不是用戶自己挑衣服，而是專業造形師會根據用戶登記的資訊與用戶感想，提出專業的穿搭建議。

用戶選擇這些服務的理由並不是「沒時間挑衣服」或「想要便宜衣服穿」，而是可以挑戰穿新的衣服。

airCloset的代表天沼聰先生表示，美國調查顯示民眾所購買的衣服有八成只會躺在衣櫥裡，只靠剩下的兩成來過生活。沒有好好運用的那八成，都是因為個人喜好買的。（※1）

還有一個每月收費兩千五百日圓，可以無限制借用自己喜歡的珠寶的租賃服務「火花寶盒」（Sparkle Box），也是由專業造形師按照使用者的喜好來挑選珠寶。所有服務都是透過專家提議，來提供新體驗。

另外有家北海道的書店，用的不是定額租賃制，而是繳一萬日圓就有專家替你選書的「一萬元選書」制，引發討論。岩田書店的老闆岩田徹，會根據顧客自己寫的履歷來替顧客選書。

如果書店裡有個店員知道你的喜好，建議你買某本書，一定會很開心，好像常去的美容院。就算每年只有耶誕節送一批適合我的書，我也挺想使用這項服務的。

物流費用上漲，重創中小規模的製作者與賣家

網路服務愈發達，宅配業者的哀號聲就愈響亮。二〇一七年十月，YAMATO運輸調漲運費，與上次調整相隔二十七年。我的朋友之中，認為這次漲價十分嚴酷的主要都是農戶。因為農戶的商品單價都很低，卻很重視新鮮。

我所認識的農戶表示，比較熟悉農作的零售客戶，會在商店附近找好大型冰箱，一次採購一定數量，所以運費比較省。但是直接送給顧客的分，就變成要顧客自行負擔運費，也就影響了銷售額。

我經常購買遠方生產的紅茶與稻米，如果運費占了總價的一半，確實會有些猶豫。中小規模的製作者與賣家，目前最嚴重的課題就是物流了。

日本的大型貨運公司，會在自己的物流中心分配各家廠商的貨物，排出送貨路線再發車運送，這種共同運送系統可以降低成本。但是只有夠大的公司，能夠發出一定數量的商品，才能運用這個系統。

於是開始有人想到一種服務，靠著分享概念，讓小規模物流也能適用高效率的運輸與保管。

租借空間服務，最短租期一天起

比方說二〇一九年六月開辦的「souco」，就是全國各地倉庫可以上網註冊，共同分享空間的服務。隨時都可以租借想要的空間，等於是愛彼迎（Airbnb）民眾上網註冊自己的家，讓遊客租借的倉庫版。

Souco的租借期從三天起算，空間從一個棧板（約一平方公尺）到兩千坪（六千六百平方公尺）都有得選。

根據地段、費用、租借時間來搜尋倉庫、申請使用，最後簽約就好。另一方面，倉庫持有人可以將空間登記在網站上，等待使用者申請租借。

二〇一九年四月，souco已經登記了超過十五萬坪的倉庫空間，包括大和房屋工業、物流不動產公司Prologis、新加坡大型物流公司Global Logistic Properties等大公司都有加入。

通常租倉庫的簽約單位是一年，而且平均要簽三到五年，這些空間都沒有好好利用。比方說飲料只有夏天大賣，為了短短幾個月的旺季，就要準備龐大空間。

Souco的社長中原久根人先生，在某次訪談中舉了長野縣的蘋果運輸當範例。當客戶訂了蘋果要送到東京，就透過工會在東京租下冷藏倉庫，先送大批蘋果到倉庫裡，等下游訂蘋果再從倉庫發貨，距離比較短。（※2）

對用戶來說，就不必一家一家去問倉儲業者，可以租到需要的時間與空間，相當方便。服務自開辦以來，用戶就不斷成長。

貨車與司機也能分享

另一方面，「送得到」則是幫忙配對貨運司機的空檔，以及想要送貨的客戶，服務本身是幫忙處理預約收貨與付款等手續。送得到是一種共享服務，可以有效活用全國所有合作貨運公司的空檔，提升物流效率。

於是公司不必自己聘請司機，司機只要透過手機App，就能自己安排時間承接貨運工作，用戶則可以上網搜尋有空送貨的司機。少了貨運行之類的中間商成本，可以廉價送貨，也能增加貨運司機的收入。

物流業界的大公司，也有六到七成的貨運是外包，日本物流業有六萬家公司，其中只有五到十輛貨車的中小型公司就占了三萬家。送得到運用了IT技術，幫小規模貨運行跟發貨人配對。

送得到的營運公司是Raksul，公司負責人松本恭攝先生曾經接受報紙《日經新聞》的採訪，表示傳統貨運行之間是靠紙條、電話、傳真等類比訊號來聯絡，而且各自管理貨車的資訊實在漏洞百出（※3），所以日本物流業的產能整個就是低落。

二〇一九年二月，除了小貨車司機與發貨人配對之外，送得到還開辦了「送得到聯絡網」幫大型貨運行管理發車，並接受大型物流發貨人的叫車。

這些服務都提升了整個物流業的效率，對小規模製造商與零售商來說也是美事一樁。

Case ① 蔬果巴士

製作者與買家共同建立送貨系統

靜岡縣牧之原市，「m21abo」辦公室旁邊的收發貨場，有幾個員工正忙著分類蔬果。貨櫃裡有小番茄、葉菜，五花八門。

這裡是「蔬果巴士」的車站，也是蔬果卸貨的中繼站。蔬果巴士，是一個由附近農戶與餐館等蔬果相關業者，共同加盟打造的共同送貨系統。濱松市與靜岡市之間直徑約一百公里的範圍，由其實是大貨車或箱型車的巴士沿路送貨，生產者與買家只要在自家附近的車站送菜收菜就好。委託貨運業者會很花錢，但是只要製作者與買家聯手，運行專門的巴士就會比較便宜，真是劃時代的機制。

日本一直推廣「自產自銷」，就是在地生產食材，由在地人來消費。但是各地超市，卻很少販售當地生產的蔬果，而且不只大城市，連遍地農田的鄉村也是一樣。

M2labo的代表加藤百合子女士如是說：

「多虧了大型物流系統的完善功能，各地的食物都大批往東京送，原本不合理的都理所當然了。可是從『運送』之外的角度來看，在時間、鮮度、文化、排碳方面都很不合理啊。」

截至二〇一九年七月，註冊蔬果巴士的生產者約有一百名，註冊的餐館也大約有一百家。

有些農戶堅持種出好蔬果，有些餐館想用新鮮好吃的蔬果，m2labo就幫這些人配對，只要生意談成就用專門系統下單。每一筆生意，系統幫農戶賣價加上百分之十一賣給買家，所以賣價大約九成歸農戶，一成歸m2labo。另一方面，買家每買一箱的運費是三百五十日圓。買賣雙方付的錢，m2labo各抽一點點，拿來雇司機、開巴士、分裝蔬果。

巴士的到站時間固定，蔬果一到，買家就會收到電郵，蔬果已經放在車站裡面的保溫箱裡。目前蔬果巴士旗下有兩噸貨車與箱型車共四輛車，每天繞著路線跑。由於運費便宜，就算只訂一包番茄也不必擔心。

農業只要能提高效率，也會引進IT

「蔬果巴士有需求的原因之一，就是物流成本提升了。物流一漲價，餐館就算付三百五十日圓的運費也會接受。另外一個原因，就是地方觀光客增加了。商家發現沒有在地食材可以招呼國外旅客，生鮮幾乎都送到東京等大城市，地方餐館卻沒有在地食材可以用。所以我才想到，在一個區域裡面辦循環貨運。」

加藤女士是農學院畢業，曾經是工具機械製造廠的工程師。

「我曾經在製造業工作，公司整個就是量產。我生了兩個小孩，考慮到以後的社會，不禁懷疑這份工作適不適當。仔細想想，我是農學院畢業，又挺喜歡農業，而且民以食為天，覺得應該有點發揮空間吧。」

加藤女士在農業與物流方面原本都是外行，卻開始用IT系統當起蔬果盤商。

「有人想買，也有人想賣，但是一箱蔬果運費就要一千五百日圓，怎麼談得成呢？所以我重新思考，應該同時扛起買賣跟物流才行。」

加藤女士先研究工業界的物流，發現有個機制叫做收乳班（milk run），原本是酪農業者會派出一輛收乳車繞行多座農場來收乳，後來汽車業界也有了這樣的物流模式。專用貨車會在一定時間抵達各家零件製造廠，蒐集零件送往組裝工廠。「我想說，原來真的有人在搞啊，那農業也來搞吧。」

目前還是有很多商家用電話跟傳真來聯絡，為了簡化流程，一切都用數位檔案管理。

「有人抱怨說，你們怎麼沒傳真啊？我就說，傳真還有必要嗎？剛開始大家都笨手笨腳，但是一旦上了軌道，從下單到結帳真是一氣呵成。再也不像以前那樣，到月底核對整疊收據，結果發現帳差了十塊錢。我決定，不用人工做的就不要再靠人工。就算是農業，可以提高效率的部分還是要提高比較好。」

評估標準從數量與外觀，轉為口味與鮮度

松下農園的松下弘明先生大概從兩年前開始利用蔬果巴士，他這麼說：

「農戶要辦的手續比傳統市場簡單多了。蔬果巴士會把我們提的賣價加上手續費拿去賣，只要餐館接受，對方就會負擔運費。如果希望客戶一直買，我們就要努力種出好吃的蔬果，而且我們現在有錢投資了。」

傳統上是透過ＪＡ來送貨，但是市場、貨運、盤商總共要抽將近百分之三十五的手續費，零售商也要抽百分之二十五，所以農戶大概只剩四成。蔬果巴士可以提升農戶的利潤比例，所以賣價也比傳統市場便宜。

而且對松下先生來說，最大的差別就是客戶會評估「口味」。

「ＪＡ評估農作等級，只看外形、重量這些外觀條件，根本不評估口味。說得極端一點，就算不好吃，只要長得好看量又多，就可以賣錢。像番茄，種的時候加點壓力會比較甜，但是也會變得又小又輕，在ＪＡ就賣不到錢。就這點來看，蔬果巴士的客戶會評估蔬果口味，賣起來就值得。」

日本市面上的番茄常常是光亮又大顆，結果完全沒味道，就是因為這樣的評估標準。目前ＪＡ評估農戶的標準依然是「多少面積種出多少量」，這就是農業脫離「適當量」的原因。

餐飲業看上的就不是量，而是口味以及鮮度。如果走一般市場，必須由ＪＡ來挑選、出貨、送到中央市場、由盤商收購……收成之後得花四天才能送到顧客手上。而蔬果巴士在採收當天，最晚隔天就能送到買家手上。

聽說有餐廳自從用了蔬果巴士一年左右，業績確實成長起來。畢竟蔬果變好吃了，還可以跟客人聊生產者與蔬果的話題，增加老主顧。

車站設置點包括市場、銷售站與百貨公司。在靜岡市小有名氣的大丸松坂屋，地下樓層也有蔬果巴士的車站，而且送來的蔬果就送到美食賣場的「靜岡蔬果」專區銷售。大丸松坂屋的宣傳，濱野比加里小姐這麼說：

「原本我們家很少賣靜岡當地的東西，而蔬果巴士迷人的地方，就是買少量也沒關係。而且可以看到農戶本人，比較放心，我覺得很適合年紀比較大、常逛百貨公司的客人。」

從小單位開始，推廣到其他地區

從靜岡開辦的蔬果巴士，正在嘗試推廣到其他地區。二〇一九年夏天，在長野與神奈川縣進行了實際驗證。

靜岡準備開辦「海鮮巴士」，專門繞行漁港運送海產，如果用大客車把這條路線接上長野，就可以交換靜岡的海味與長野的山珍。

加藤女士表示：「這樣就不必再送到東京，直接在長野與靜岡之間做生意就好了。」只要各地都成立一個這種巴士圈，「自產自銷」就不再只是口號，而是能更實際的推廣到各個地區。

目前一個圈子的規模，大概就是一百個生產者配一百個買家剛剛好吧？

「目前的營收大概兩億日圓，快要達到收支平衡了。我的目標是八到十億日圓，所以考慮淡旺季跟運轉率，買家跟賣家各有四百個應該剛剛好。」

但是這個圈子做得太大系統就會亂，所以這個系統並不開放給一般消費者，只鎖定能安心交易的對象，用戶用起來也比較放心。

首先在地區內建立錢與貨的循環，以這個圈子為基礎，與其他地區合作。蔬果巴士告訴我們，想實現適當量，從小單位開始最重要。

註釋

※1　參考《XD》https://exp-d.com/interview/845

※2　參考《GEMBA》https://gemba-pi.jp/post-187991

※3　《日經新聞》〈我的意見〉二〇一七年六月二十三日

參考文獻

《纖維月報》二〇一八年九月號（伊藤忠商事有限公司）

第八章　改變賣場

不是只有大行號才賣得好

「商品賣場正在改變」。這幾年來我走訪各個製作現場，愈來愈常聽到這樣的聲音。用心的製作商將商品出給盤商或零售商之後，不會撒手不管，而是針對賣法與運送法做各種嘗試，希望「保存製作者的溫度，送到想要的人手上」。

方法是跟他人共享賣場，打造一個空間來吸引興趣傾向接近的顧客；或者將生產現場，直接搬到消費者附近；還有些行腳商人，直接帶著做好的商品周遊各地。

福井縣鯖江市有家專門做漆器木胚的「轆轤舍」，老闆酒井義夫先生前陣子這麼說：

「我跑遍全國各地辦接單會，發現原本生意好的店家，現在不一定還是那麼好了。去年（二〇一八）我在東京的大商號，還有全國各地辦接單會，結果生意最好的是高岡的藝廊跟德島縣的小小麵線工廠。」

麵線工廠是怎麼回事？

「有些地方啊，主辦接單會的人本身人面就廣。主辦人的行號本來就有很多人拜訪，就組成了社群，這個社群相信主辦人的人品跟行號。只要老闆有忠實顧客，就算不在大都會裡，規模又小，東西還是賣得動啊。」

各地都有賣得動東西的行號，但是每家行號規模並不大，也很少登上主流媒體。只有像酒井先生這樣跑遍全日本，才清楚這些小商家的威力。

在都心才賣得好？人潮才代表錢潮？現在已經說不準了。

現在任何人都可以輕易從推特或臉書獲得資訊，一聽說哪裡在辦怎樣的活動，分散各地的同好就會聚集過來。就算一個會場只有少少的二三十人，只要有一百場活動，就是兩三千人的規模了。

有理由讓人想傳誦的東西

回顧我個人的經驗，現在想買禮物送人，已經很少跑百貨公司了。百貨公司的貨確實很迷人，品質也不差，從功能跟價格來看也不是買不下手。可是呢，我就是覺得沒理由在百貨公司買。

這個「理由」是什麼呢？我想到一個答案，購買的理由就是贈送的理由。

當我們要送人東西，就是給對方一個訊息「我為什麼選它」。我們想送的不一定是東西本身，而是這東西的故事或背景。或許就像自己用的東西，也要好好挑選一番。

所以如果沒有明確的理由，民眾慢慢不會去買不知道是誰做的、不知道哪裡來的東西了。如果要買，就買哪個牌子的東西；如果是這個價錢，不如找誰來訂做。

如果是消耗品或日常用品，或許可以在十元商店買。

當你想要買像樣的東西，購買的動力就在於第六章所提的「口碑」，你會挑選有理由的東西，這個理由會讓你想告訴別人，比方說這個商品是這樣，因為這樣做所以很迷人，而且還很好用。

賣場就是傳達這些資訊的重要場所。

重視溝通，遷移賣場

有製造者重視在賣場上與顧客交流，於是將整個生產線搬到都市裡。二〇一四年起，東京都內接連開了四家都市型酒莊。葡萄產地沒辦法搬家，但是可以從山梨、長野、千葉等地收購葡萄，然後試著在消費者眾多的首都圈，進行釀造及其他葡萄酒製程。

對葡萄酒迷來說，酒莊可以品嘗各種葡萄酒，與釀造人聊天，甚至參觀釀造過程，真是個天堂。二〇一七年在台東區開幕的「葡藏人～Book Road」，釀酒師須合美智子女士提及刻意在都內生產的理由：

「去到長野或山梨的酒莊，應該也能有相同體驗，但是難免要出一趟遠門。如果能在生活圈裡體驗，就能更近距離感受葡萄酒了。距離拉近，跟顧客的接觸就增加，也容易宣傳情報。這裡可以每天試喝兩種我們生產的葡萄酒，有些顧客喜歡下班來喝兩杯，有些人放假就在都內逛酒莊。」

工坊一樓擺著葡萄榨汁機與釀酒槽，三樓可以試喝與購買。我某個平日的傍晚來訪，發現一對年輕夫妻，還有兩個穿西裝的男性常客正在試喝。負責釀酒的須合女士開心的招呼客人，同時聊著自己用哪裡的葡萄，用什麼方法釀酒，今年的口味如何。

這種日常型酒莊不需要出遠門，就能輕鬆接觸葡萄酒的生產者。

但是在地價高昂的都心成立工坊，成本上的負擔不會很沉重嗎？負責人大下弘毅先生這麼說：

「這個時代，什麼東西都可以上網買，所以我才認為創造機會，跟顧客直接交流格外重要。成本上確實有點辛苦，而且在我們之前沒有其他企業在都內釀酒，跟銀行貸款真的不容易。所以工坊內裝潢有一半是我們自己來做，葡萄也是我們自己找貨車來運，想了很多方法來節省成本呢。」

將生產現場搬到距離顧客近的地方，打造一個方便溝通的賣場，與粉絲密切交流。帶著這份心意做出來的商品，就是保留溫度送到客人手上的方法之一吧。

Case①有機基地

不在菜鋪，而在餐館賣菜

烹飪教室「有機基地」主打「扎根於風土與身體的菜餚」，同時也販賣傳統蔬菜（※1），負責人奧津爾先生以自身經驗說了這樣一段話：

「當我們要賣東西，賣場不是那些賣生鮮的店家，而是都內當紅的商行跟餐館。因為現在人潮的匯流點，已經慢慢跨越行業的隔閡了。當你聽說蔬果行要辦果菜市場，不會覺得稀奇，但是一家小有名氣的餐館要辦果菜市場，你不會想去看看嗎？對餐飲業者來說，也很歡迎我們在空閒時段去辦活動。主婦可以來逛果菜市場，餐飲業跟蔬果行也可以來採購。」

奧津先生等人從二〇一三年起，就在都內舉辦主打傳統種子的「種市」，並在長崎縣雲仙市舉辦販賣蔬果的「蔬果市」。

比方說二〇一八年十二月舉辦的「蔬果市」，地點就辦在西荻窪的藝廊咖啡書店「松庵文庫」。松庵文庫是用老民房改建而成的雜貨店、書店、藝廊集合體，裝潢風格沉穩，販售許多與飲食相關的商品，如餐飲、餐具，以及由荻窪個人書店「Title」精心挑選的生活與烹飪書，如果在這裡擺上精心栽種的傳統蔬菜，那麼蔬菜和賣場看來都會更加美妙。

「當時我帶了三十五箱的傳統蔬菜去雲仙，全都賣完了。而且本來就有餐館主廚說賣剩的他全包，所以我才會安心收菜去賣。」

不一定要在超市買蔬菜。放假出門吃一餐好吃的蔬菜，逛逛雜貨跟好書，不經意看上新鮮蔬果，買一點來做晚餐吧。

「不過這個時候，選店家就非常重要了。規模可以小，但是影響力一定要強。把菜放在都內頂尖知名的餐館裡面賣，那些對吃很挑的人就可以了解傳統蔬菜，是個很好的機會，而餐館方面也很高興能買到優質食材。」

餐館方面可以得知奧津先生與烹飪家太太典子女士對吃的態度，也比較信得過。這份信任要花時間來建立，或許不是每個人都能輕易模仿，但只要買賣雙方都有「想將稀有的好食材推廣給更多人」的共識，就不是不可能。而賣場的氣氛，也有助於把心意傳達給顧客。

都市餐館成為小小市場

由於這些活動的成果斐然，長崎縣雲仙市千千石町的果菜直銷站決定交給奧津夫妻經營。我也是長崎人，隱約記得千千石位於島原半島西端、面對橘灣，是個人口四千六百二十人左右的小鎮，有個小濱溫泉，但不是很多人會去的地方。

「我們當然會保持蔬果直銷站的功能，同時也希望這裡成立一個集貨據點。傳統的蔬菜銷售，是蒐集起來送去都心賣，但我們沒有要走傳統的批發市場，而是整批送到客人匯集的餐館去賣。我們只要送一兩個點，關鍵是出貨方跟收貨方一對一，才不會太花運費。」

將相同地區現採鮮菜送到顧客較多的大城市裡，只鎖定一個點，用這個據點來賣菜，想要的人就來買。這就像是親手打造一座小市場，只要頻率增加，或許還能把利潤分給餐館呢。

傳統蔬菜的產量本來就少，只賣給真正喜歡美食的人，以及工夫精湛的餐館，或許也是個好方法。

奧津夫妻所經手的蔬菜數量並不多，但是在傳統賣場之外的地方，送給想要送的對象，這招或許可以用在其他方面吧。

Case② 轆轤舍・ろくろ舍

手工量產的艱辛之處

也有些製作者親自跑遍全國各地零售商，舉辦接單會來做生意。而且這接單會不是辦在百貨公司頂樓的活動，是辦在當地敏感度高的人物聚集的藝廊或商家。

轆轤舍的酒井義夫先生，在福井縣鯖江市河和田地區當所謂的木胚師（譯註：原文為木地師），以木工轆轤（譯註：傳統的車床）的技術來做漆器的木胚。二〇一四年，他成立了自己的工坊「轆轤舍」。

原本除了接單之外，他就會自己設計作品，還有做些獨特的創作專案。他用間伐材（譯註：當人工林樹木過於密集需要降低密度，這時砍下來的木材就是間伐材）做的花盆「Timber Pot」主打回歸泥土，在二〇一五年的家具生活風格展獲得青年設計師大獎。

但是光靠做設計，沒辦法賺錢吃飯，所以才會接單做商品。轆轤舍所在的河和田市是漆器的產地。目前的漆器胚幾乎都是商用漆器的塑膠胚，所以木胚師只剩區區四人。訂購木胚的客戶，大多是本地商家或石川縣山中的商家。

聽他描述手工量產的過程，我都累了。

首先，訂單要做的數量多到不行。製造商每次下單就是五十個，一百個，只能不斷動手做。原料都是大塊原木，要用轆轤轉啊轉，抵著刀頭切出木胚的形狀。同樣的動作要做好幾百次，常常傷到手。如果每個月沒有做到上千個，就沒辦法過生活。

「我做得這麼拚，要是降我的價就真的做不下去了。」在百貨公司看到的手工漆器，每只最便宜也要四五千日圓，看起來價錢還不錯，但是其中大概一半是被大盤商、中盤商與百貨公司拿走，酒井先生每個木胚收到的報酬只有七百日圓左右。做一百個，收入三萬五千日圓，要做一千個才能賺到三十五萬撐一個月。

「成本一千五到兩千日圓，裡面包含木胚費、銷售費、包裝費、管理費，好多好多，所以原本就不該賣四五千日圓那麼低。我覺得過去的工匠前輩們，真是太偉大了。」酒井先生如是說。

這可不是在說昭和初期，而是說現在。

在各地舉辦木碗接單會

酒井先生為了生活，趁有工作的時候想辦法提升產量，所以引進了機械車床來提升木工效率，聘請人手，建立了量產體制。

「不過大概就在二〇一七年底吧，接單工作整個減少了，因為整體漆器的產量降低了，我想說，這樣下去可不妙啊。」

酒井先生左思右想，突然想到第四章提過的開放工藝節「RENEW」，他之前用全訂製漆器參展，頗受好評。

「我參展的時候是完全照客人想要的造形去削木胚，然後價格比平常稍低一點。不過沒有人會一直看我削木頭啦（笑），大多都是從我準備的樣品裡面來挑。我想既然如此，不如就搞個半訂製的接單會吧。」

顧客可以在接單會上訂製自己專屬的木碗。酒井先生剛開始辦這項活動，找上設計師新山直廣先生，將活動命名為「only碗」，這個名稱簡單又有力，酒井先生認為是活動打開知名度的關鍵。

酒井先生先靠著朋友找上BEAMS JAPAN，在二〇一八年六月，成功於新宿分店辦了第一場的接單會。有了個好開頭之後，又在京都、東京接著辦，然後各地都有人來邀請。

「當時剛好HIKARIE購物中心的d47（※2）在辦『47訂製展』，主辦單位邀我參加，我才體認到自己做的事情沒有跟時代脫節。剛開始的成績是拉不起來啦，直到去了高岡藝廊跟德島，我才覺得自己的生意或許有搞頭。」

主辦人的熱情直接影響營業額

之前辦接單會，每星期的營業額大概二三十萬日圓，扣掉交通費跟場地租金，幾乎就是打平而已。但是後來在高岡兩星期的業績就有一百二十萬日圓，之後的德島更寫下一百三十萬日圓的紀錄。而且兩個場地，都不是有在賣東西的「商家」。

高岡的會場是設計事務所「ROLE/」，公司前半部可以當藝廊，每年大概會辦一次藝術主題展。

「羽田純老闆說：『我想讓高岡的人看看這個』，所以用心規畫了那次接單會，還派了兩個事務所員工來幫我忙。他的熱情也感染了員工，然後感染給顧客。我這才發現，賣家的溫度真的很重要。」

下一次接單會的印象更深刻，地點是德島縣的手拉麵線工廠，北室白扇。工廠位於半田地區，此地漆器產業曾經繁榮一時，但是漆器沒落之後，就換成麵線產量提升了。北室白扇的麵線工廠，以前也是漆器工廠，所以與漆器關係匪淺。就因為這層關係，主辦接單會的北室白扇，負責人可說非常用心。

「那裡平常是工廠，根本沒店面，所以來的人就是專程參加接單會。當時我覺得顧客們不只是來買木碗，更因為老闆用心辦這個活動，他們才會來捧場見識看看。」

接單會只賣一樣訂製品，而且出了門就不會再賣。德島這場接單會還準備了高雅的麵線碗，大家就當場吃起麵線，也很受歡迎。

店家的信用會吸引顧客

二〇一九年四月，我聽說東京自由之丘的「katakana」（片假名）正在舉辦酒井先生的接單會與工作坊，就前去看看。

展期有兩個星期，酒井先生本人會待兩天，兩天內他大概會辦四場工作坊活動，可以聽他聊漆器。店家旁邊的車庫擺了大概十人份的桌椅座位，酒井先生會展出不同工作階段的木碗，淺顯易懂的解釋木碗的製作過程。講解內容包括產地、漆器歷史，製作方法等等。而且katakana的常客還準備了點心，用漆器裝給我們吃！

年輕女孩們說平常沒在用漆器，卻接連訂製木碗，還煩惱該做成什麼造形。

Katakana號稱「聚集日本酷玩意的禮品店」，已經辦過不少各行各業工匠的展覽會。店裡賣的東西，都是由老闆河野純一先生精心挑選，而且待客用心，讓人有購買的動力。新奇的是，這家店的顧客群分布相當平均。

有年輕女孩，有老夫老妻，也有男客。問了才發現，這家店常常舉辦市集與夜市，深受當地顧客的愛戴。

「同樣在東京，katakana 跟連鎖大型賣場的賣法就是不一樣。我想就算我不在現場，店員應該也會努力幫我推銷吧。」

果然不出酒井先生所料。

Katakana 說二〇二〇年還要再找酒井先生來辦接單會。

「我覺得最近有更多人像我一樣，跑各個地方辦接單會。有個做帽子的朋友，就像在巡迴表演一樣，每年花幾個月跑固定路線，去全國各地的小商家接單，其他時間就回工坊做事。顧客也知道他每年某個期間會來，都相當期待。這種巡迴演出模式，交通成本跟勞力都比較低，真是理想，我希望之後能鎖定幾個點來跑。交通往返是很辛苦，但是跟店家、顧客當面聊天就很開心，而且訂製的東西量少，不必像接工廠的單那樣每天死命做。廉價的工廠大單，每天只能坐在那裡弄幾百個一樣的東西，看不到未來，我覺得這樣到處接小單比較適合我。」

Case ③ BOOK ROAD

從無人書店起步

敏感度高的人的匯集地，慢慢從大賣場轉移到小商家。我已經看過各地出現各種不同領域的趣味賣場，接下來要介紹的案例也很新鮮，就是多數人共享賣場的小書店集合體「書大廈」。

老闆中西功先生，剛開始辦的其實是無人書店。

距離東京都武藏野市三鷹站大約十五分鐘腳程，小小商店街的角落有家面積大約兩坪的無人書店「BOOK ROAD」。中西先生在二〇一三年開辦了這家書店，他本來就是個藏書人，總想著有一天要開書店，但是跟一般書店不同，老闆平常不在店裡。他覺得店裡沒老闆，客人比較能悠哉選書，再加上當時他還在公司上班，所以先開了實驗性的無人書店。

一聽到「無人書店」就讓人想起無人蔬果店那樣煞風景的地方，但實際走訪一次就發現並不冷清，反而讓人覺得溫暖。明明沒人，感覺卻像有人，真是奇妙的書店。

店裡有手畫的插圖介紹店家機制，買書的方法特別有趣，店內放兩台扭蛋機，大家小時候肯定都玩過，如果想要哪本書，就投錢給扭蛋機，轉出來的蛋裡面有購物袋，黃色袋子三百日圓，藍色袋子五百日圓。用袋子區分書價，裝了想要的書就可以帶回家。

「如果要開無人書店，最好多了解店面附近經過的都是些怎麼樣的客人。剛開始很多人擔心我的書會被偷，但是這點完全沒問題，我的店面是玻璃門，馬路行人跟對面店家的櫃檯都能看得一清二楚。」

中西先生每星期會有兩三天，趁上班之前去書店整理書櫃，從人家捐的書裡面選好書標價，補充扭蛋機裡面的蛋，如此而已。每個月大概賣兩百到兩百五十本書，沒有人事跟進貨成本，房租也便宜，所以每個月都有賺錢。

顧客也可以參與店鋪陳設的書店

書店後方與左右兩邊的書架，並不是擠滿了書，而是上下有些空間，也沒有特地分類。這樣悠哉的陳設讓人感覺舒服，有些是新書，有些是好玩的文化書，我就看到好幾本有興趣的書。

「我比較希望客人寄放的書賣出去，而不是我自己放的書。有一次到店裡來，發現有人放了一整套的美術書，擺得整整齊齊，不然就是一整個角落的切格瓦拉相關書籍，還有附小海報呢。」

顧客的「參與」讓中西先生很開心，一看到就會去推特發文，其他顧客看了就會發現：「啊，原來可以這樣喔。」並且主動參與，聽說中西先生從來沒見過這些去店裡的參與者。

開著開著就發生了意想不到的事情。書店裡有擺個木箱讓顧客捐書，後來除了書，每星期還有人寫信、送禮物給中西先生。

「謝謝你開了這樣的書店啊，我常常來光顧、送你一點小東西啊，客人就寫這些東西給我。很多人特地從遠方來，就是要看這間書店。或許我是全日本收到最多顧客來信的書店老闆吧？要是我在店裡顧著，就不會發生這些趣事了。

有些客人會為了換零錢去買罐裝咖啡，然後放在木箱裡請其他客人喝。有一次還有人在金魚書前面，擺了個小小的玩具金魚裝飾呢。」

大家都以自己的心意來擺設書店，顧客們彼此不相見，卻有了奇妙的交流。

或許正因為沒有老闆，顧客才能享受參與經營的空間，感覺就是間「備受眾人疼愛的書店」。

八十個人，每月各出三千八百五十圓來開書店

中西先生從這間無人書店得到靈感，想說「大家一起開書店」也是有可能的，於是他在二〇一九年七月開辦了「書大廈」。書大廈開在鬧區，離人潮洶湧的吉祥寺站走路五分鐘。他租下一整棟大樓，地下樓層是書店集合體，每個人都能用書櫃上的一格來經

營小書店。

用戶每個月繳交三千八百五十日圓，可以租下一個格位，自由賣書。整面牆都是書櫃，將近有八十格，感覺就是只賣書的「格子鋪」，顧客來這裡就是逛一間書店。

「基本上沒有人會想來這裡找特定的書，這裡應該是要讓人遇見意想不到的書吧。」

租借書櫃的用戶說，希望能輪班來書店顧店。無論放新書或舊書，放什麼類型的書，訂多少價錢，都由用戶決定。每賣一本書，書大廈就收一百日圓的管理費。

「我想說用戶聽了要收一百日圓管理費，那麼最便宜的書也要賣個幾百圓才划算，就會挑些有價值的書來賣。」

書大廈開張兩星期之後，我上門一看發現將近八成的書櫃都滿了。有專業漫畫家放上自己的作品跟精選的書籍，有記者按照自己採訪的主題選書，有一格全都是橄欖球書，真是多彩多姿。

我上門的時候碰到一個用戶，因為書賣得不好所以在重新選書，可以看見大家都很認真。這也是中西先生的點子，如果買了五百圓以上的書，就送一支棉花糖，而且棉花糖可以自己動手做，很受歡迎，在社群網站上的推廣也相當有效。

「賣場變成社群誕生地」

「我希望讓更多人看到，其實大家可以一起開書店。假設地方城市可以用十萬日圓租個店面，召集二十個朋友，每人每月出五千日圓，不需要扛多大風險，就能打造一個有書的環境。傳統上都是一個懂書的老闆，賭上自己的人生來開書店，如果書賣不好，書店就垮了。但是每個人每月出五千日圓，就算書賣不好還是可以開下去吧。如果把這家書店當成社群空間，月租五千圓就能在這裡聚會，就算沒賺錢也好啊。」

更進一步來說，不一定要是懂書人，集合眾人的智慧也可能打造出好玩的書店。在書大廈挑書的時候，有種偷看別人家書櫃的奇妙感覺。

而且書大廈打算把一樓做成咖啡廳，二樓與三樓做成有廚房的活動空間，供人租用。

「我想找一批每個月只想當一天咖啡廳老闆的人，大家集資來共享這個地方。然後說到辦活動，我不想先決定主題再找人參加，是希望用戶可以做自己想做的事情。比方說有一群人想要卯起來聊甲子園，或者想要交流做什麼菜適合用沖繩調味料，聽了用戶的期望，就會想到我自己絕對想不出來的好玩主題。」

也可以考慮地下室有書店，而賣手作書的人就在上面的樓層辦手作工作坊。書大廈是書店、餐飲店和賣場，但也可以是社群的誕生地，這應該就是中西先生想起的頭。

「有人說怎麼可能開得成這種店，因為人就是要眼見為憑。所以我想讓大家看看，這是有可能成功的。」

無人書店、書大廈，中西先生都沒想過搞成加盟，只是希望大家在各地多做相同的活動。實際上也有很多人想要效法，所以跑來參觀。

這個賣場的設計，改變了書的販售方式，讓你有機會遇見新的文化與人。

註釋

※1 在某個地區不斷育種，適應當地氣候風土的作物。

※2 日本四十七個都道府縣常駐的四十七個展示區「d47 MUSEUM」，是舉辦展覽、工坊與販售活動的特產美術館。

第九章　送給不同對象

思考「要賣給誰」

某天，有個廣告代理商的朋友告訴我：「一般人以為精準行銷是鎖定年齡層跟性別，其實是看需求的分類喔。」

量產型的事業與服務，過去做得還不錯，但現在要順應潮流，對不同於過往的需求提出服務。

宮城縣大崎市東鳴子有家溫泉旅館「旅館大沼」，第五代老闆大沼伸治先生，就是一個採取新方法的人。

鳴子一直都是溫泉療法「湯治」的勝地，很多客人在此長期居留，但是從昭和三十年代開始，愈來愈多只住兩天一夜的觀光客，旅館也為了接待團客而擴建，成了個大鬧區。

但是大沼先生看著全鎮到處都是兩天一夜的溫泉旅館，感覺這裡面臨了瓶頸。

「現在愈來愈多人是自己來，而且不為了觀光，像我們旅館就有三成是單客。單客不喜歡一群人熱熱鬧鬧，喜歡自己安安靜靜，可見現在愈來愈多人看重獨處的時光。我想愛彼迎跟沙發客會流行，也是因為愈來愈多人想在旅程中，發生意想不到的奇妙邂逅吧。傳統的溫泉旅館很難有這種機緣，但是我突然想到，過去的溫泉療養場不就是這樣的地方嗎？」

不過三十年前，日本各地都還有溫泉療養的文化，溫泉療養不完全是為了治病，農夫和漁夫這些勞工百姓也會放個長假，在溫泉地共住個兩星期甚至一個月，就好像歐洲人有度假的習慣一樣。

或許現在沒有溫泉療養的習慣，但溫泉區的魅力仍然不變。悠哉的泡在熱水裡，吃些好東西，認識一些陌生人。

大沼先生把這活動稱為「現代湯治」，開始對年輕人推廣以溫泉療養為主的旅行方案。包括體驗務農、滿身大汗之後泡溫泉的「農田湯治」「地大豆湯治」；還有特別的「藝術湯治」和「單車湯治」。參加者在享受活動的同時，也能獲得新體驗、認識新朋友，充電之後回歸日常生活。

將老舊的湯治館翻新變得像民宿一樣，有廚房可以開伙，還有交流聯誼的空間。結果愈來愈多外國旅客與年輕旅客，在此長期居留。

外國朋友羅伯特・坎貝爾邀請我參加了一場「湯讀文庫」，大家在旅館房間裡，翻著不常看的小說，看累了就去泡溫泉，極其奢華。第二天，參加者圍著坎貝爾先生交流讀書心得，聽坎貝爾先生講課。這次經驗既悠哉又刺激，我感覺學會了新的溫泉地度假法。

幾乎只有老人家才知道過去的溫泉療養文化，如果沒有傳承，這個文化就會消失，但大沼先生認為這個文化充滿潛力。

保持商品與服務的本質，配合新時代來更新提案方式。我認為「提供給不同對象」，就是個有效的手法。

Case ① 丸廣・マルヒロ

連一個想要陶器的朋友都沒有

「丸廣」的接班人馬場匡平先生，就是創造了與過去完全不同方向的商品，改變了波佐見燒形象的製造者。波佐見燒原本沒沒無名，馬場先生卻讓它馳名全國，可以說是明星選手。

波佐見與旁邊的有田，自古以來就是知名伊萬里燒的承包地，專門做量產物件。但是丸廣不只做陶器還做出品牌，品牌的世界觀可以推廣給重視「藝術」與「流行」的年輕人們。

二〇一〇年，丸廣在東京家飾生活風格展推出了名叫「HASAMI SEASON 01」的產品線，我看了以為自己眼花。傳統的波佐見燒是白底藍花的精緻陶器，但展場上的作品卻完全不同。

堅固厚重的馬克杯，讓人聯想到美式餐館；顏色大紅大紫，有如義大利跑車般繽紛。當時馬場先生還不到三十歲，我對這樣一個年輕人出現在展場上，印象深刻。

「我們這些年輕世代，有興趣的是音樂、家飾跟服飾，我連一個想要陶器的朋友都沒有。所以我想做些流行的餐具，就算放在服飾店裡也不會顯得突兀。」

馬場先生二十四歲那年，應父母要求回家接班。

「剛開始我的月薪只有五萬日圓，我實在不覺得能在這個圈子做下去。畢竟每戶人家裡都有一大堆餐具對吧？結果我們家還扛大包小包，去跟東京盤商談生意，我就是不喜歡。」

長崎縣波佐見是陶瓷產地，分工細膩，有製胚行、模具行、釉彩行……滿街都是小工坊。丸廣的第一代，是馬場先生他爺爺開的攤販，到了他爸爸那代成為產地盤商，設計並販售原創餐具。

然而隨著時代演進，丸廣的產品漸漸與社會需求脫節，營運也就惡化。馬場先生回老家的時候，營業額刷新店史最糟紀錄，簡直是四面楚歌。

運用產地技術，應付任何訂單

馬場先生是個完全的大外行，他要從零開始創造新商品。他曾經拜託中川政七商店的中川淳先生擔任顧問，但是能夠製作商品的預算有限，結果概念跟造形設計全都要自己摸索。

如果要賣給自己這樣的年輕人，就要賣馬克杯。馬場先生研究了好多種咖啡馬克杯，發現其中的概念是「樸素、堅固、配色豐富、使用方便的器具」。

傳統的波佐見燒是「又白又薄的瓷器」，跟馬克杯剛好相反，或許有些客人會因為這樣的改變而離開，難道馬場先生不怕自己選錯了嗎？

「就是因為原本的作法行不通，我才沒有特地研究過波佐見燒應該是怎樣的東西。結果大家不太反對我的新作法，我甚至覺得波佐見燒好無趣，只想做些自己朋友會買的東西呢。」

但是就算新形象完全不同，產地特有的技術還是能應付多元的訂單。這裡可說是技術寶地，什麼訂單都能應付，當地人每個都說「我外包做了一輩子，啥單都不怕」。

當時日本的服飾品牌剛好涉足生活風格商店，賣些雜貨跟家飾，馬場先生搭上這股風潮，HASAMI系列就跟服裝、食品一樣登上了全國各地精品店的貨架。HASAMI系列也能做專業代工的商品，所以推廣很快，迅速成為每年熱賣九萬五千件的熱門商品。

看這數字，感覺好像又走回量產的老路，但是丸廣並不拘泥於暢銷產品線，馬場先生會與設計師、藝術家朋友們合作，持續推出新活動或是蕎麥麵碗系列等新產品。這讓丸廣不會掉入規格化的生產窠臼，在東京、大阪等城市舉辦的流行販售會，藝術展成分還高過了銷售。活動常常有趣味節目，例如在陶器上貼貼紙，做出自己專屬的餐具等等。

丸廣重視「傳統」、「工藝品」的基礎，在上面表現「藝術」與「文化」等流行元素，來打動年輕人的心。

不偏限於製作

而且馬場先生說，往後光會製作物品是不行的。

「工夫精湛的工匠，還有挖原料陶土的工人，都隨著年齡增長而慢慢凋零。加上陶土又是有限資源，政府又嚴格規定滯銷品的報廢方法，什麼都變得很難做。做很多丟很多的模式，已經行不通了。我們家往後還是會以陶器生意為主軸，但是不會偏限於製作，也打算轉型做餐飲業，或者開放生產過程當觀光工廠。我認為只要觀光客到產地來玩，夏天在我們這裡吃一份一千兩百日圓的剉冰，都比賣一只同價格的瓷盤要賺錢。我希望能成為一家，自由揮灑趣味創意的企業。」

不偏限於生產物品，一個製造商老闆這麼說實在很有勇氣。

實際上，丸廣於二〇一八年在波佐見買了一千坪的土地，打算建造一座大公園，裡面有讓當地兒童參觀陶器生產過程的設施。如果只是普通的「觀光工廠」會限制客群，所以馬場先生希望這座公園可以放映電影，晚上還能玩滑板，成為一個約會勝地。

這時候，丸廣的角色是什麼呢？

「我覺得往後除了製作物品，擁有其他各種管道也很重要。比方說組合物質與非物質，希望大家覺得我們這家公司很好玩。」

Case ② 福永紙工

創造一個可以玩創意的地方

「我想的其實不是公司跟營業額……而是想參與一份創意型的工作，所以我開辦了『紙張工作所』。」

位於東京都立川市的印刷公司「福永紙工」，負責人山田明良先生在二十六年前放棄了服飾業的工作，進入太太老家的福永紙工上班。印刷業是以大量生產為前提的產業，福永紙工也不例外，主要客戶是老牌的名片大廠、信封大廠。工作就像雪片般不斷飛來。訂單常常都是每年五十萬張、一百萬張這樣算。

「這份工作我大概拚命做了十年吧，可是量產型的工作全都是例行公事，一點都不好玩。我們都是等客戶決定設計，然後準確的在期限前印好交貨，缺乏創意元素。我原本在服飾業工作，接觸過藝術跟設計，所以希望有這種機會，結果就自己動手打造了。」

山田先生跟外面的設計師聯手，開始用自家的加工技術打造新商品。福永紙工並非委託工作，而是讓設計師自己設計作品，作品賣出去了再付版權費給設計師。

「紙張工作所」計畫就這樣啟動了。

以製作作品的手法來製作商品

所以山田先生這十年來做著手上的工作，但是心裡一直不滿足？

「對對對，我一直沒有跟設計師直接接觸，總是有志難伸啊。後來我巧遇了荻原修先生，我們一拍即合，要來搞點創意。不過我們沒錢，所以就找了幾個有興趣的設計師，一起想一起做，感覺這樣比較好玩。」

荻原修先生在家具設計中心OZONE待了快十年，專門辦企畫展，後來自立門戶，以國立市的文具店為據點，參與各種設計專案。

大家希望從小規模開始，所以辦了個「紙張道具展」。二〇〇七年，山田先生邀請五位設計師，用紙張加工製作道具。我也去看過這場展覽，所以印象深刻。紙做的花瓶、燈箱，每件作品都很獨特又新奇，讓人驚訝原來紙張可以做出這些東西。

對參與的設計師來說，這份工作剛開始賺不到錢，但是設計師跟福永紙工處於對等關係，可以不受限制、自由揮灑。大家做的不像是產品，而是作品。避開白天上班的機器運作時間，用晚上努力試錯，感覺就像社團活動。

「設計師提出創意問我可不可行，我會思考能不能做出來，試著做做看。基本上我不會主動打設計案回票，只是要做出來有難度就對了。」

那工廠與公司的人，反應如何呢？

「我覺得大家就是旁觀，看我們在搞什麼鬼。當時我進公司差不多十年了，如果只是個菜鳥可能推不動，但難得是能有效活用機器與技術的提案，大家就多少幫點忙啦。」

「紙張道具展」推出的產品意外受歡迎，接下來大家就開始思考要怎麼去賣。

請「最好的地方」販售

「紙張工作所」已經開張超過十年，每年都會跟新的設計師或藝術家合作，開發五到六個新專案。

「紙做的東西很難賣到高價，單件零售價應該是八百到一千日圓吧。這樣的價格，不可能請師父用手工一個一個做，所以我們計畫用機器量產。我們手頭不是很闊綽，沒辦法說實驗性專案賣不出去沒關係，所以很用心在推銷。感覺就是小工廠裡面還有小小製造商。我們當然也負責批發，由公司的商品銷售部去跑業務。」

再來就是想，要賣去哪裡好呢？某天團隊說：「當然是賣去最好的地方啊。」山田先生靈機一動，哪裡是好地方？既然東西都是跟設計師一起做的，最適合的地方就是美術館的藝品店。哪間美術館最好呢？日本的話就是森美術館或金澤21世紀美術館，國外就是大都會博物館（MoMA）。接著就是用最適合的方式去接洽這些單位，幸虧接洽有成，設計專案所推出的「空氣容器」和「TERADA MOKEI」成為暢銷商品，總計各賣了五十萬套。

後來通路打開，現在海內外有五百家左右的客戶，包括雜貨店和精品店等等。

在美術館開賣，大大改變了局勢。現在福永紙工建立起擅長設計與藝術的形象，工作的內容也發生變化。如今大客戶會直接找福永紙工討論怎麼設計，怎麼印刷加工，而福永紙工的作品也包含了資生堂的百貨櫥窗、美術館企畫展商品，S&B特別限定商品等等。

可以用十倍以上的工資來做事

「可以從工作的上游開始參與，是很大的改變啦。現在我可以直接跟客戶討論，工作有趣，價錢也差很多。」

傳統印刷產業，客戶會先聯絡代理商，然後轉給包商，到大印刷廠，再到小印刷廠。大包、中包、小包，都要分一杯羹，一家公司印一張大概只能拿個幾圓，甚至幾毛錢。

「其他產業應該聽不到幾毛錢這種單位了吧。以前我根本無法直接跟客戶溝通，只能被交貨期追著跑，很辛苦。現在我做案子能直接跟客戶談，無論在金額上或成品上，雙方都能心滿意足。」

現在沒有中間商的抽成，印刷費也好談到雙方都接受。以原創作品「空氣容器」來說，一張的零售價是四百日圓左右，就算要付版權費給設計師，工資也比一張幾圓幾毛要高了十倍以上。

目前福永紙工的傳統印刷工作，占總營業額的三分之一，賣原創商品也占三分之一，原創商品衍生出的創意接單工作又占三分之一，形成「一比一比一」的比例。

公司規模剛好適合做創意工作

山田先生在手邊紙上畫了個三角形，在三角形裡面畫了兩條橫線切開，然後指著最頂端的小三角形說：

「我想我們做的東西，就是這個最上面的小市場，我打算把它擴展到下面一層。」

福永紙工不斷挑戰，在百貨公司與大賣場設置流行專櫃，讓更多人看見福永紙工的世界觀。

另一方面，如果要把產品推廣給大眾，或許就無法像現在這樣做些好玩的東西了。

「所以我覺得現在這樣的公司規模剛剛好。我們有四十個員工，要養四十個人的工作，跟要養一百個人的工作，該做的事情就會不一樣。如果要養一百個人，就得做社會上流行的、或者更符合大眾潮流的東西。但話說回來，如果為了創意就縮小公司規模，資金上可能就不好周轉了。」

沒錯，當員工增加，在開會要做決定的時候，做出來的東西容易死板。但是「紙張工作所」這種架構，沒辦法保證能賺多少錢，要開頭並做得久，需要很大的勇氣。

「我想關鍵是把眼光放遠吧，然後就是從小規模起步，砸大錢起步應該很困難。不管哪個產業都被下了緊箍咒，逼公司每年業績都要成長，我想不必那麼賣命了吧。我們家擺脫了過去的量產循環，在角落做點小規模的，跟人家不一樣的東西。我想我們公司的規模，正好適合做創意工作。」

山田先生並沒有什麼十年後的願景，或者遠大的計畫，只是希望做些比現在更好玩的工作，經過試錯之後，就改變了工作的內容與購買的顧客。

大量生產的公司做起小規模挑戰，最後改變了公司形象，或許就告訴我們，小規模也可能有大發展。從個人心意出發的工作充滿能量，讓人懷抱希望。

後記

我根據本書主題去挑選先前採訪過的內容，然後重新撰寫成書。這麼挑選下來，發現我過去採訪過的人與企業，大多在摸索怎麼跳脫量產型社會貼近適量生產。我也為了這本書去採訪一些新朋友，而書中沒有提到的朋友們，也提供了重要的理念，幫助我完成本書。

當我進一步探討這個主題，似乎發現了當今社會幾個問題的癥結。比方說大多數人都下意識追求成長，「賣愈多愈好」、「做愈多愈好」這是真的嗎？書中提到的朋友們，都在問這個問題。

而且現在的賣場，不會讓我們知道我們平常用的跟吃的，背後有什麼故事。製作者與買家之間有太多人介入，大家搞不懂誰負責哪一塊。其實「製作者」「賣家」「買家」

互有交流，這樣小規模的工作比較開心，做起來也比較充實不是嗎？感覺許多實踐者給我上了這樣的一課。

目前已經有人在推廣適量生產，要推翻量產的教條，我想往後還會更多元、更豐富。本書所介紹的只是一小部分，希望讀者至少能謹記其中一項，因為他們還在繼續努力。我真心支持我在書中介紹的人們，以及先前所採訪過的受訪者。

這一個個小小潮流會不會擴大，端看賣家、買家對這價值觀有沒有同感，能不能用自己的方法融入生活與工作之中。我打算繼續見證下去，並把經過記錄下來。

感謝採訪時提供協助的各大媒體，以及三島社的星野友里編輯。

並由衷感謝各位朋友的分享指教。

二〇一九年九月　甲斐薰

國書館出版品預行編目 (CIP) 資料

，才是最好：適量製造時代來臨！看見顧客需
X精準生產X改善量產物流系統，19個平衡品
與規模、實現永續經營的成功品牌/甲斐薫著；
欣儀譯. -- 一版. -- 臺北市：臉譜出版, 城邦文化
業股份有限公司出版：英屬蓋曼群島商家庭傳
股份有限公司城邦分公司發行, 2021.01
面；　公分. --（企畫叢書；FP2281）
自：ほどよい量をつくる
BN 978-986-235-891-7 (平裝)

企業經營 2.品質管理 3.行銷策略

.1　　109019451

邦讀書花園
ww.cite.com.tw

BN 978-986-235-891-7
inted in Taiwan.

企畫叢書　FP2281

剛好，才是最好

適量製造時代來臨！看見顧客需求X精準生產X改善量產物流系統，19個平衡品質與規模、實現永續經營的成功品牌

ほどよい量をつくる

作　　者｜甲斐薫
譯　　者｜林欣儀
編輯總監｜劉麗真
責任編輯｜陳雨柔
行銷企畫｜陳彩玉、陳紫晴、楊凱雯
封面設計｜陳瑞秋
內頁排版｜極翔企業有限公司

發 行 人｜凃玉雲
總 經 理｜陳逸瑛
出　　版｜臉譜出版
城邦文化事業股份有限公司
台北市民生東路二段141號5樓
電話：886-2-25007696　傳真：886-2-25001952
發　　行｜英屬蓋曼群島商家庭傳媒股份有限公司
台北市中山區民生東路141號11樓
客服專線：02-25007718；25007719
24小時傳真專線：02-25001990；25001991
服務時間：週一至週五上午09:30-12:00；下午13:30-17:00
劃撥帳號：19863813　　戶名：書虫股份有限公司
讀者服務信箱：service@readingclub.com.tw
城邦網址：http://www.cite.com.tw
香港發行所｜城邦（香港）出版集團有限公司
香港灣仔駱克道193號東超商業中心1樓
電話：852-25086231　傳真：852-25789337
新馬發行所｜城邦（新、馬）出版集團
Cite (M) Sdn. Bhd. (458372U)
41-3, Jalan Radin Anum, Bandar Baru Sri Petaling,
57000 Kuala Lumpur, Malaysia.
電話：+6(03)-90563833　傳真：+6(03)-90576622
電子信箱：services@cite.my

一版一刷｜2021年1月　　ISBN 978-986-235-891-7
定價｜320元